# 簡明大科學

圖解 160 個最關鍵理論、科學家、重要發現、發明與科技應用

## Instant Science:
### Key Thinkers, Theories, Discoveries,
### and Inventions Explained on a Single Page

珍妮佛‧克勞奇（Jennifer Crouch）著

戴榕儀　譯

# 目錄

## 數學

## 物理學

# 化學

# 生物學與醫學

# 地質學與生態學

# 應用科技

# 前言

　　科學能描述電磁效應和重力作用等自然現象，並以數學為媒介提供具體說明。不過科學和大自然並不能劃上等號，物理學家尼爾斯·波爾（Niels Bohr）就曾說過：「物理學並不是大自然的代名詞，而是我們用來解釋自然現象的方式。」（Physics is not nature; it's what we can say about nature.）

---

　　科學和知識一樣，都是人類共同的心血結晶，之所以能累積而成，得感謝眾人以各種方式設計、執行並實現科學實驗、分析資料、提升工具精密度及了解測量單位。科學可以預測及解釋物質行為，對科技發展至關重要，不過從中衍生出來的科技成果不一定全都有益，也可能帶來破壞；另外，科學發展也得靠公共基金資助，受到政治利益與財務投資的影響，與整體社會、社會偏見、資源分配和政治間都存在著連動關係，並非中立的學問。

　　這本書介紹的是人類在 2020 年前後已知的科學知識，但也許在五年、十年或百年後，書中的內容會因為新發現而必須全盤修正。本書的目標是概述 160 個不同主題，提供扼要介紹與簡短歷史，以說明數學、物理、化學、生物、醫學、生態學、地質學和科技等各個科學領域的概念。由於每個主題的篇幅都僅限於單頁，所以我們附上了名詞解釋表，供需要時查閱；此外，讀者也可以參考書末的單位表、科學家名單、資料表及公式。

　　科學知識與研究手法都會隨著科技的發展、實驗設計的不斷改變，以及新的溝通與合作型態而持續演進；然科學家通常會先擬定假說，再發展成理論。在科學界，「理論」這個詞的意義和在日常生活中大不相同。所謂的「科學理論」必須由豐富的證據支撐，如電磁感應理論、相對論和演化論等就是如此。

　　理論形成後，還必須經過以實驗和測量為依據的測試與反覆觀察，才能獲得驗證。各路研究團隊會針對測試方法挑錯並證明錯誤，藉此避免偏誤。隨著科學發現的增加及技術精確度的提升，理論可能遭受的挑戰也會越來越多；如果理論廣受檢驗卻沒有破綻，就等於是獲得了認可。

　　科學發展有賴致力跨國研究的大型社群在技術、思想與情感各方面的付出，若沒有他們的共同努力，我們也就無法共享研究產生的科學知識。在人類文明中，科學可說是一門獨立文化，奠基於團隊成員在實驗室等特定環境所進行的互動，也需要專門的儀器輔助，在設計上，這些設備須使用地球的原料製造。這樣的機制並非沒有缺陷，我們後續會討論相關內容，不過各位應該可以想見，實驗室一旦成立後，就會產生管理層面的事務必須處理。

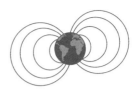

　　科學是門艱深的學問，充滿棘手的技術挑戰：實驗會失敗，培養的細胞會死，磁導式散熱系統會爆炸，平常也有許多事會出錯，即使在科學發展最輝煌的年代，許多研究人員仍為複雜的議題所困惑。其實從古至今，科學之路多半是由失敗鋪墊而成，雖然本書不會一一詳述，但那些失敗可是貢獻良多，畢竟人類對自然界的理解是源自辛勤的研究，沒有誰能一帆風順地不斷提出開創新局的重大創新與發現。

　　另一方面，由於科學界是人類社會的一部分，所以從事研究的個人與團體難免會面臨偏見，淪為種族歧視、恐同、性別歧視、階級刻板觀念和霸凌的受害者。面對這樣的問題，我們必須積極處理，歐洲核子研究組織（European Organization for Nuclear Research，CERN）就曾在「Particles for Justice」（正義粒子）網站發表以下聲明：

　　「不論人種、民族、性別認同、宗教、殘疾、性別表現和性傾向等身分歸屬，所有個體的人性尊嚴都不容質疑。」（摘自 particlesforjustice.org）

　　科學知識可應用於網路、戰爭武器製造、綠能源、建築、工程、醫藥與手術等領域，具有影響全人類的強大威力，沒有誰能置身事外；但換個角度想，我們所有人也都有權了解科學揭示的宇宙奧祕，在未全盤接受現況的前提下，思考科學研究在當今世界上的應用方式，圖利了誰，又傷害了哪些族群。

# 數字

數量與數字是所有人都必須了解、學習的概念。

---

## 歷史上的各種數字

由於生活、旅行、穀物種植、資源管控、貿易和文化交流的型態逐漸改變,新的**數字書寫方式**也隨之出現。

### 伊尚戈骨

伊尚戈骨(Ishango Bone)從 20,000 年前流傳至今,出土於非洲,是最早以各種計數符號代表數字的文物。

### 蘇美文明

蘇美文物的歷史至少可以追溯至西元前 4,000 年,記載著目前已知的**最早算術系統**。蘇美人採用的是 **60 進位計數**,也就是以 **60 為基底**。

### 古埃及文明

古埃及人使用**象形計數系統**來傳達幾何觀念,以及規劃金字塔的建造細節。

### 馬雅文明

古馬雅人使用 20 進位計數系統。

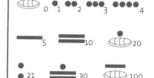

### 羅馬數字

羅馬數字源於托斯卡尼地區的伊特拉斯坎文明。

| I | II | III | IV | V |
|---|----|-----|----|----|
| 1 | 2 | 3 | 4 | 5 |
| VI | VII | VIII | IX | X |
| 6 | 7 | 8 | 9 | 10 |
| L | C | D | M | |
| 50 | 100 | 500 | 1,000 | |

### 現代數字

我們現在之所以享有全球廣為通用的數字系統,得歸功於阿拉伯與印度的數學家,一般認為發明始祖是古印度的**婆羅摩笈多**(Brahmagupta,西元前六世紀)和**阿耶波多**(Aryabhata,西元前五世紀)。

### 中文數字

**中國**雖然使用印度 - 阿拉伯數字,但同時有另外兩種數字系統:用於日常生活的小寫漢字數字,以及傳統上常用於金融文件,以避免竄改作假的**大寫數字**。

即使不是人類,許多生物其實也得仰賴數量這個內化的概念來生存,譬如小魚會群聚,椋鳥會集體轉向、飛行,許多動物也都有集體行為,蜜蜂甚至還會計算蜂窩和食物來源間的地標數量呢。

# 計數系統

用途各不相同的計數系統。

## 十進位

十進位是最普遍的計數系統，以 10 為基底，意思是每算到 10 就進位一次。十進位系統中有位值及小數點，至於空位數則以「0」填入。

**整數** | **十進制分數**

| 千 | 百 | 十 | 個 | 小數點 | | | | |
|---|---|---|---|---|---|---|---|---|
| 1000 | 100 | 10 | 1 | . | 1/10 | 1/100 | 1/1000 | 1/10000 |
| 6 | 9 | 0 | 5 | | 0 | 7 | 2 | 8 |

## 二進位

二進位制是以 2 為基底的計數系統，僅使用 0 和 1 來代表十進位系統中的所有數字。

### 如何用二進位系統計數

1. 需要進位時，將左側的位數改寫為「1」，後面的位數則全部「重置」為 0。
2. 隨著計數增加，由右至左將「0」逐一進位為「1」。
3. 所有數字皆改寫為 1 以後，如果還有下一個數字，則在最後方加上「0」來表示。

- **0** = zero
- **1** = one
- **10** = two
- **11** = three
- **100** = four
- **101** = five
- **110** = six
- **111** = seven
- **1000** = eight（數到 8 時，後三位數會重置為 o）
- **1001** = nine
- **10110** = ten

## 八進位：二進位數字真有趣

**8** = 1000; $2 \times 2 \times 2$（3 個 0，2 的 3 次方）
**16** = 10000; $2 \times 2 \times 2 \times 2$（4 個 0，2 的 4 次方）
**32** = 100000; $2 \times 2 \times 2 \times 2 \times 2$（5 個 0，2 的 5 次方）

八進位整數通常用於程式設計。比較一下 8 位元和 64 位元的圖片，應該不難發現以 64 進位整數系統製成的電腦圖像解析度比較高。

## 16 進位

16 進位系統（以 16 為基底，在英文中也簡稱「Hex」）可用於簡化二進位數字，將它想成 8 進位的兩倍。

## 60 進位

60 進位制最早是由古蘇美人在西元前三世紀採納，古巴比倫人也有使用，現今仍持續用於計量秒數、時數、角度和地理座標。

## 12 進位

12 進位系統是以 12 為基底，用於英吋、英呎和上下午的時數等單位；至於 24 小時制的時鐘基本上可視為 12 小時制的兩倍，只是不需要 AM 和 PM 的標記而已。

# 對稱

數理上的對稱可以是空間關係，也可以體現於幾何變換、旋轉和伸縮，甚至連時間都具有對稱性。

---

## 對稱規則

只要能沿平面分割成完全相同的兩半或多個部分，或者在伸縮、旋轉或鏡射後仍呈現相同外觀，就可以算是幾何上的對稱物體。

---

## 對稱（symmetry）變換的種類

**鏡射對稱**

又稱為「鏡面對稱」或「雙邊對稱」，意思是直線切穿物體中央後，切面的兩側完全相同，如鏡像一般。

**旋轉對稱**

以固定點為中心旋轉後，整體形狀仍維持原樣。

**輻射對稱**

沿中軸所形成的對稱，如海星、水母和海葵；佛教藝術中的**曼陀羅圖案**也是採輻射對稱設計。

**平移對稱**

經過平移後，整體形狀仍維持原樣。

**螺旋對稱**

結合平移與旋轉對稱，是延伸至三度空間的對稱特性。物體以螺旋對稱形式纏繞的線段（或中軸），一般稱為「螺旋軸」。

**伸縮對稱**

放大或縮小後，形狀仍維持對稱，譬如碎形圖就相當有名。上圖則是透過伸縮對稱的進階應用，以等邊三角形所製成的「科赫雪花」。

**滑移反射對稱及旋轉反射對稱**

---

## 雪花

自然界的雪花並非完全對稱，但在適度控制的環境下，往往會呈現六角形的輻射對稱。冰一旦形成六方晶體後，極小的六方冰晶就會在上頭繼續生成，這樣的現象稱為「**晶體成核**」。

## 立方體

形狀的對稱當然也可以延伸至三度空間，譬如立方體就是由九個對稱的平面所組成。

# 歐幾里德的 《幾何原本》

歐幾里德（Euclid）的《幾何原本》（*Elements*）包含一系列的公理（邏輯論證），描述二維平面的幾何關係。歐氏幾何不適用於曲面。

## 歐幾里德的假設

1. 任意兩點間必可連出直線線段。

2. 直線可以無限延長。

3. 以給定直線線段的其中一個端點為圓心，即可以此線段為半徑畫出圓形。

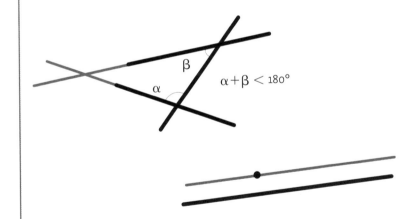

4. 所有直角皆相等（全等）。

5. 若某條直線與另外兩條直線相交，且形成的同側內角和小於 180°，則兩線無限延伸後，必定會相交於與前述內角同側的某一點。

許多科學家都曾企圖將歐幾里德的第五假設證明為定理，卻沒有人成功。歐幾里德還發表了其他許多假設，此處只列出最開頭的五個。

# 鑲嵌

所謂「鑲嵌」（tessellation）是以重複的樣式，將形狀排列成沒有間隙或重疊的圖形。

---

## 正則鑲嵌

相同形狀以無間隙或重疊的方式組合而成的圖樣。六角形、正四面體和三角形皆可用於正則鑲嵌（regular tessellation）。

## 半正則鑲嵌

不同多邊形以無間隙或重疊的方式組合而成的圖樣。六角形和三角形也可以用於半正則鑲嵌（semi-regular tessellation），其他可用的形狀還有五角形、七角形和八角形。

## 內角

為什麼只有特定形狀可用於正則鑲嵌？這個問題可以用內角來解釋。二維平面上的圓形為360°，所以如果要符合無間隙也不重疊的原則，多邊形的內角就必須要能整除 360 才行。

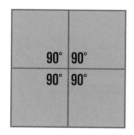

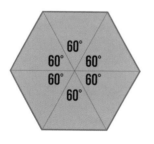

### 五邊形

五邊形的內角為 108°，不能整除 360°，因此無法形成正則鑲嵌。

**如果將五邊形沿定點排列，結果會有以下兩種：**

- 留下空隙（3 × 108 = 324 < 360°）
- 形成重疊（4 × 108 = 432 > 360°）

不過從五邊形排列所留下的空隙，可以衍生出許多有趣的半正則鑲嵌圖形。

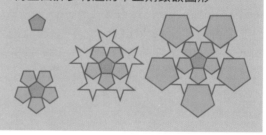

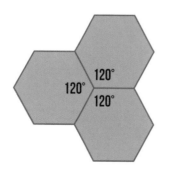

## 不規則鑲嵌

任何不規則形狀都可用於不規則鑲嵌（irregular tiling），只要能用各式多邊形填滿 360° 即可。

## 彭羅斯鑲嵌

彭羅斯鑲嵌（Penrose tiles）指的是將成對的箏形和鏢形，以非週期性（不重複）的方式排成平面圖樣。排列時，不能讓兩種形狀組成菱形。

## 阿爾罕布拉宮

位於西班牙格拉納達的古代要塞阿爾罕布拉宮（The Alhambra）由摩爾人於西元 889 年建造，裡裡外外有許多繁複而美麗的平面鑲嵌圖樣。

# 柏拉圖立體

柏拉圖立體（the Platonic solids，又稱「正多面體」）是三維空間中的形體，
每一面都是正多邊形，且各多邊形相交於頂點。

## 正多邊形

正多邊形的各邊等長，且每個內角相等，如正三角形、正方形和正五邊形。

## 正多面體

正多面體是每一面皆為相同正多邊形的三維形體，總共只有以下五種。

## 柏拉圖的理型世界

古代哲學家柏拉圖認為正多面體帶有魔力，且存在於「理型世界」（world of the forms）這個疊加空間之中。在柏拉圖神祕主義（Platonic Mysticism）中，上列的五個多面體象徵天空、空氣、水、火、土這五個元素。

### 阿基米德立體

阿基米德立體是由兩種以上的多邊形所組成的多面體，各多邊形相交於頂點，且所有邊長必須一致。阿基米德立體共有 13 種。

## 真實與抽象的界線

自古至今，科學、數學和哲學界都始終在探討這個議題：**抽象概念究竟真的存在於現實世界，還是只存在於人類思想？**我們能否透過描述自然界的抽象概念，來了解觀察到的宇宙現象？**數學原理究竟是人類發現的既有觀念，又或者根本只是我們所發明的產物？**

## 其他三維形體

無論是僅用一種或組合多種，都可以用其他多邊形排出，甚至創造出許多不同形體。

### 星形 12 面體

星形 12 面體（stellated dodecahedron）是由等腰三角形所組成。

### 五角化 12 面體

五角化 12 面體（pentakis dodecahedron）在英文中又稱為「kisdodecahedron」，每一面都覆有五角錐。

星形 12 面體

五角化 12 面體

# 花拉子米

花拉子米（Al-Khwārizmī，780-850）是生於烏茲別克的波斯數學家，
曾任教於巴格達智慧宮（House of Wisdom），一般認為代數是由他所發明的。

在西元 813 到 833 年間，花拉子米於《以簡化與平衡為基礎的計算概要》（*The Compendious Book on Calculation by Completion and Balancing*，阿拉伯原文為 *al-Kitāb al-mukhtaṣar fī ḥisāb al-ǧabr wal-muqābala*）一書中發表了關於代數的論文。該書彙整了巴比倫、印度和伊斯蘭文明在計數與數學方面的知識，也是最早記載線性及二次方程式的著作之一。

· Al-jabr 意為「還原」、「完成」，指的是消除負數、方根和平方等方程式簡化手法。
· Al-muqabala 的意思則是「平衡」，是現今仍常用來解方程式的手法。

## 配方法之父

配方法（complete the square）這項技巧可轉換二次多項式的形式，使當中的未知數變得比較容易計算。舉例來說，$ax^2 + bx + c$ 可轉換為 h 和 k 都是固定數值的 $a(x - h)^2 + k$。

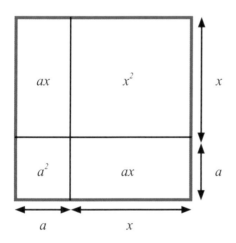

## 二次方程式的因式分解流程

1. 重新整理方程式，使等號右側為 0。

2. 進行因式分解，譬如將 $2x^2 + x - 3$ 轉換為 $(2x + 3)(x - 1)$。

3. 令各因式為 0。

4. 對各因式求解。

5. 將得出的解代入驗證。

## 二次方程式

$$x = \frac{-b \pm \sqrt{b^2 - 4ac}}{2a}$$

## 配方法舉例

$$x^2 - 10x + 25 = -16 + 25$$
$$(x - 5)^2 = 9$$
$$x - 5 = \pm\sqrt{9}$$
$$x - 5 = \pm 3$$
$$x = 5 \pm 3$$
$$x = 8 \ or \ x = 2$$

# 費布那西序列

費布那西序列（Fibonacci sequence）是始於 0 和 1 的無限序列，「每一項都是前兩個數字的和」。生於約西元 1170 年的義大利數學家李奧納多‧費布那西（Leonardo Fibonacci）曾發表相關著作，使數列中的比例知名度大增，但其實在他之前，許多埃及和巴比倫數學家皆已探討過這個比例的存在。

費布那西序列可定義為右側的線性遞迴方程式：$F_n = F_{n-1} + F_{n-2}$

假設第一項為 $F_0 = 0$
且 $n = 1$

那麼後面的數列就會是：
**0, 1, 1, 2, 3, 5, 8, 13, 21...**

## 黃金比例

所謂**黃金比例**，指的是下方示意圖中的 **$a + b : a$**

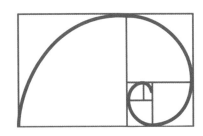

$$a + b : a = a : b$$

黃金比例是由下式計算出的不合理數：
$a \div b = (a + b) \div a =$
$1.6180339887498948420...$

## 費布那西與黃金比例

費布那西序列中的每一項除以前一個數字所得出的值，都趨近於黃金比例，是數學上所謂的「收斂序列」。

$1 \div 1 = 1$
$2 \div 1 = 2$
$3 \div 2 = 1.5$

反覆執行相同運算後會得到：

$144 \div 89 = 1.6179$

## 黃金螺旋

黃金螺旋的畫法，是先畫出長寬比朝黃金比例收斂的矩形，接著再以連續曲線連結矩形中各正方形的頂點，即可得到黃金螺旋（golden spiral）。

## 人類對於規律的執著

人類不僅天性熱愛規律，還會主動尋求規律，所以費布那西序列幾乎可說是魔幻般的存在，不過這樣形容黃金比例可能會造成誤會。許多人聲稱費布那西序列和黃金比例能施展無所不在的宇宙力量，但這樣的言論其實大錯特錯。

## 植物的生長

某些動植物的生長型態中也有黃金比例的蹤影，如鳳梨、向日葵和松果的種子及葉片間距都符合這個比例，不過各位可別因而高估了黃金比例，畢竟生長模式不遵循這種幾何規則的動植物也比比皆是。

# 無限

數學家和物理學家以「無限」這個概念來描述無窮大的數值。

---

無限（infinity）的符號是

## 不同種類的「無限」與集合論

「無限」這個概念不只能用於指涉無限大的數字，其實還可以分成許多類型。「集合論」是研究「種類」的數學領域，重點在於確立各集合的定義，並探討集合中的數字具備哪些屬性。「無限」和數學中的其他數字觀念一樣，都能以集合為單位來劃分。

**「無限」中所涵蓋的集合：**

- ∞ 正數
- ∞ 負數
- ∞ 分數
- ∞ 不合理數
- ∞ 平方數

## 無限小數

無限小數也是無限數值的一種，可以理解為小數位數無限多的數值。某些分數的分子除以分母後，也會產生無限小數，例如 1/3。

$$^1/_3 = 0.33333\ldots$$

一個數字如果小數位數有限或帶有循環小數，且可以化為分數，即為「有理數」；如果無法化為分子分母皆為整數的分數，則稱為「無理數」。此觀念的相關細節會於探討虛數（p.26）時提供。

## 分母為 0

數值如果除以 0，得出的答案不是無限，而是「無意義」，也就是說，數線上找不到這樣的數字。

## 漸近分析

下圖中的曲線皆為漸近（asymptotic）函數。漸近曲線會不斷趨近，但永遠不會真正達到某特定數值。

函數 $y = \tan(x)$ 和 $y = \frac{1}{x}$ 被稱為漸近不連續

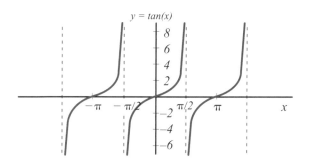

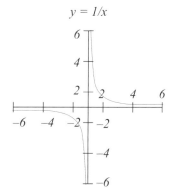

## 不連續函數和連續函數

不連續函數的圖形是由分段曲線所組成，並不連續，所以無法一筆畫完；相較之下，連續函數的圖形則是流暢的平面曲線，沒有任何中斷。

# 圓周率

圓周率 π 是數學上的常數，也稱為「阿基米德常數」（Archimedes' constant），
是圓周與直徑的比例。

---

## 圓周長

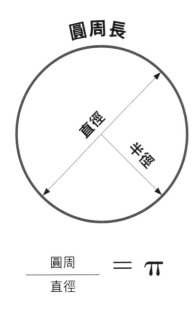

$$\frac{圓周}{直徑} = \pi$$

π 是無限小數，屬於無理數

## 3.14159265359...

### 超越數

π 是超越數（transcendental number），而非代數。

### 代數（algebraic numbers）

所有代數（如整數、分數等等）都可表示為含整數、分數或其他整數係數的非 0 多項式方程式的平方根。
舉例來說，二次方程式即為多項式的一種，形式如下：

$$x^2 + bx + c = 0$$

一般代數皆可用多項式（如 b 和 c 為整數或分數的二次項方程式）來表達。

圓周率之所以特別，是因為這個數值無法以上述形式表達，所以我們才無法畫圓為方。

圓形面積的算法為 $\pi r^2$，換言之，半徑為 1 的圓形面積為 π。雖然面積為 π 的正方形邊長必定為圓周率的平方根，但 π 這種超越數卻無法以多項式方程式來表達，所以我們才無法化圓為方。

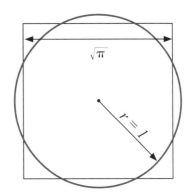

### 折線逼近（polygon approximation）

多邊形可用於計算 π 的近似值。這個方法雖不能算出圓周率的確切數值，但只要逐漸增加多邊形的邊數，即可以取得相當接近 π 的結果。

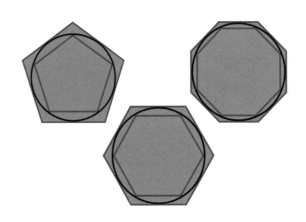

# 質數

「質數」（prime number）是僅能由 1 和該數本身整除的數。理論上來說，質數的數量沒有上限，不過如果以 0 為起點，往無限大的方向數，質數出現的頻率會越來越低。

從 0 算起的前幾個質數為：2, 3, 5, 7, 11, 13, 17, 19, 23, 29, 31, 37, 41, 43, 47, 53, 59, 61, 67, 71, 73, 79, 83, 89, 97, 101…

我們可以將這些質數填入表格，從中尋找規律。

| 1 | 2 | 3 | 4 | 5 | 6 | 7 | 8 | 9 | 10 |
|---|---|---|---|---|---|---|---|---|---|
| 11 | 12 | 13 | 14 | 15 | 16 | 17 | 18 | 19 | 20 |
| 21 | 22 | 23 | 24 | 25 | 26 | 27 | 28 | 29 | 30 |
| 31 | 32 | 33 | 34 | 35 | 36 | 37 | 38 | 39 | 40 |
| 41 | 42 | 43 | 44 | 45 | 46 | 47 | 48 | 49 | 50 |
| 51 | 52 | 53 | 54 | 55 | 56 | 57 | 58 | 59 | 60 |
| 61 | 62 | 63 | 64 | 65 | 66 | 67 | 68 | 69 | 70 |
| 71 | 72 | 73 | 74 | 75 | 76 | 77 | 78 | 79 | 80 |
| 81 | 82 | 83 | 84 | 85 | 86 | 87 | 88 | 89 | 90 |
| 91 | 92 | 93 | 94 | 95 | 96 | 97 | 98 | 99 | 100 |

## 歐幾里德的證明

歐基里德曾證明質數的數量無限。

## 質數定理

質數定理（Prime Number Theorem，簡稱 PNT）可用於計算 0 和數字 n 之間有多少質數，也能說明質數的漸近式分布。

$$\lim_{x \to \infty} \frac{\pi(x)}{x / \ln(x)} = 1$$

## 質數公式

這個公式可預測質數在數線上的分布。

$$P_n \sim n \ln(n)$$

- $P_n$ = 質數的序數
- $n$ = 任一數字
- ln = 自然對數（詳情請參閱 p. 23 的「對數」一節）

## 伯特蘭 - 切比雪夫定理

伯特蘭 - 切比雪夫定理（Bertrand's postulate）說明兩個連續質數之間的差距。若取隨機數字 n，則 n 和 2n 之間必定會有一個質數 p。

如果 $n \geq 1$，則至少會有一個質數 p 符合下列性質：

$$n < p \leq 2n$$

## 質因數分解與密碼學

質數經常用於網路安全與加密作業，這是因為計算兩個質數的乘積並不難，但如果要求某個極大數字是由哪兩個同樣也很大的質數相乘而得，可就不簡單了。

- 公開金鑰：由兩個極大的質數相乘而得，用於加密訊息。
- 私密金鑰：由上述的兩個質數所組成，用於解密訊息。
- 公開金鑰可與所有使用者共用，但只有資料所有人能擁有可解密訊息的私密金鑰。

# 微積分

微積分（calculus）是專門研究、分析「變化」現象的數學領域，由微分（differential calculus）和積分（integral calculus）所組成，兩者描述的分別是短時間內所發生的變化及總體變化。

## 變化率

人口成長和溫度起伏等各種變化都可在圖表上呈現為時間函數，至於變化率則可透過 X 軸上某特定位置的斜率（gradient of the sope）來計算，通常以希臘字母 ∂、Δ（發音為「delta」）來表示。

## 極限

極限可用於預測函數在特定位置的形狀。

## 區間

在圖形中，區間代表的是 X 軸上某兩點間的區域。利用無限多的微小區間，即可對函數的變化形態以高精確度進行近似計算。

## 微分符號

$y = f(x)$ 或 $y = x$ 的函數

## 積分符號

積分可用於「還原」微分，也就是進行逆運算，而結果則會是曲線下的區域。

$$\int f(x)\, dx$$

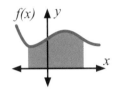
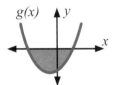
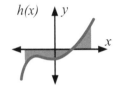

### 舉例：位置、速度與加速度

位置、速度與加速度的例子有助了解微分和積分之間的幾何關係。

- 曲線 $v(t)$ 呈現加速與減速，也就是**速度的變化**。
- 加速度是速度的微分，速度-時間曲線的梯度代表特定時間點的加速度，至於 $a(1)$、$a(2)$、$a(3)$ 則是不同時間點的加速度。
- 速度是位置的微分：$t_1$ 和 $t_2$ 間的曲線下區域是代表位移（位置變化）的積分。

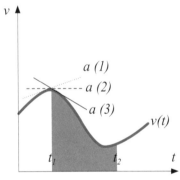

---

$y$ 對 $x$ 的微分就是 $y$ 相對於 $x$ 的變化。

此關係可表示為 $dy/dx$

結合上述關係後可得到

$$\frac{d}{dx} f(x)$$

## 三角函數微分公式

$sin(x)$ 和 $cos(x)$ 微分的關係如下：

$cos(x)$ 是 $sin(x)$ 的微分

$- sin(x)$ 是 $cos(x)$ 的微分

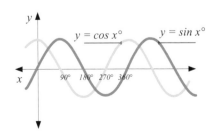

# 邏輯

邏輯是用於解釋想法、傳達信念及建構論證的推理方法。

---

- 前提：**必須是能導向結論的命題**。
- 命題：可分為**全稱**（適用於所有情境）、**特稱**（僅適用於特定情境）、**肯定**（正面角度）和**否定**（負面角度）。
- 結論：信念陳述。

- 有效性：前提只要能導向結論，即算有效。「有效性」是以「形式」而非「內容」來定義，而且並不等於「真理」。

## 邏輯的種類

**演繹法（deductive）**：三段式邏輯系統。所謂「三段論」是一種論證方式，導向結論的方法是假設只要前提成立，那麼結論也必然會成立。
- 前提 1：Daisy 是牛。
- 前提 2：所有牛都是有蹄類動物。
- 結論：Daisy 是有蹄類動物。

**歸納法（inductive）**：以機率和「可能成立」的結論為論證基礎。

**逆推法（abductive）**：受限於可用資訊。如果當下無法取得所需資訊，則無法實踐。

**類比式論證（arguments by analogy）**：歸納式邏輯，意指根據認知上的相似點，進行未經觀察證實的推論。

**歸謬法（reductio ad absurdum）**：以特定陳述「勢必會導向謬論」為由，來對該陳述進行反證。

**悖論（paradoxes）**：基於有效的前提進行推理，卻得到矛盾的結論。

## 理髮師悖論

假設某個理髮師只替不自己刮鬍子的人服務，而且只要是不自己刮鬍子的人，他一定服務，那麼這位理髮師會不會自己刮鬍子呢？

- 理髮師只替不自己刮鬍子的人服務，所以理當不能刮自己的鬍子。
- 但理髮師如果不刮自己的鬍子，就違反了原則，因為只要是不自己刮鬍子的人，他就一定服務。

假設 A 是自己刮鬍子的族群，B 則是不自己刮鬍子的族群，那麼理髮師應該放在哪個圈圈裡呢？

---

## 數學邏輯

數學邏輯可分為以下四個種類：
1. 集合論（set theory）
2. 模型理論（model theory）
3. 遞迴論（recursion theory）
4. 證明論（proof theory）和構造主義數學（constructive mathematics）

# 對數

「指數」函數和曲線皆可表示為根據特定方程式變化的指數函數,通常以「次方」來描述。
所謂「次方」就是指數(exponents),以「x 的 2 次方」為例,2 就是其中的指數。

對數(logarithms)指的是底數如果要產生特定數值,所必須乘上的次方數。對數函數可用於計算指數函數,也就是反函數(關於反函數的詳情,請參考 p.21 的「微積分」一節)。對數可用於表示極大的數值。

- 問題:2 的幾次方是 16?
- 答案:透過「以 2 為底數時,16 的對數為……」或 $\log_2 (16) = 4$ 來求解。
- 2 的 4 次方是 16。

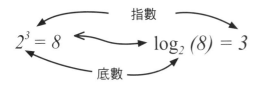

$$2^3 = 8 \longleftrightarrow \log_2 (8) = 3$$

指數 / 底數

**對數可分為兩種:**
- 對數函數:以 10 為底數,表達形式為 $\log x$。
- 自然對數:以不合理數 $e\ (\approx 2.718)$ 為底數,表達形式為 $\ln x$。

(關於 $e$ 這個常數的詳細資訊,請參考 p.29 的「歐拉常數」。)

$$(自然對數)\ \ln N = x \longleftrightarrow N = e^x$$

對數可用於簡化乘除式:
- $a = b \times c$
- $\log(a) = \log(b) + \log(c)$

## 指數型變化

指數型增長/衰退,指的是函數上升/下降的速度隨時間增快/減慢。

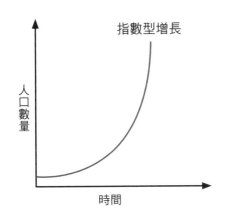

人口數量 / 時間

指數型增長

下表所列的是指數律及對數律

| 指數律 | 對數律 |
| --- | --- |
| $x^a \cdot x^b = x^{a+b}$ | $\log(ab) = \log(a) + \log(b)$ |
| $\dfrac{x^a}{x^b} = x^{a-b}$ | $\log\left(\dfrac{a}{b}\right) = \log(a) - \log(b)$ |
| $(x^a)^b = x^{ab}$ | $\log(a^b) = b \cdot \log(a)$ |
| $x^{-a} = \dfrac{1}{x^a}$ | $\log_x\left(\dfrac{1}{x^a}\right) = -a$ |
| $x^0 = 1,\ x \neq 0$ | $\log_x 1 = 0$ |

## 對數的歷史:約翰納皮爾與對數表

蘇格蘭數學家約翰·納皮爾(John Napier)花了 20 年算出對數表,並於 1614 年出版。

# 機率與統計

機率是用於衡量特定事件發生的可能性,範圍從 0 到 1,0 代表不可能,1 則代表必然;
統計是專門分析資料的數學領域,研究重心在於資料的蒐集、整理、呈現、分析和解讀。

## 計算中心值

· 平均數:資料集中所有數值的平均,算法是
  將所有資料加總,然後除以數值總數。
· 中位數:資料集中的數字經排序後,位於「正
  中間」的數字。
· 眾數:出現頻率最高的數字。

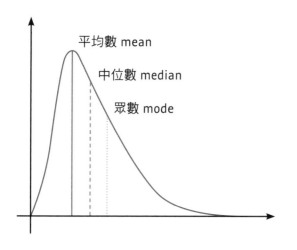

## 衡量分散趨勢

· 範圍:最大和最小值的差異。
· 四分位數:四分位數可按照下列步驟求得

1. 排序資料集中的所有數字
2. 將這些數字分成四組,以求出四分位數。

· 四分位數間距:第一和第三個四分位數間的
  差距。
· 百分位數:表示有多少百分比的資料落在特
  定數值之下。
· 平均差:根據各數值與中位數的差異所求出
  的平均。
· 標準差:用於衡量資料集中的數值所呈現的
  分散程度,以 $\sigma$ 符號表示(發音為「sigma」)。

均方根的求法是將所有數值平方並相加後,除
以資料集中的數字總數。

## 資料比較與相關模式

對於同類型的不同資料集,我們可以將資料繪
製於相同圖表上以進行比較。各資料集相符的
程度稱為「相關」,相關性的範圍則是 −1 到

1,1 代表完全正相關,0 代表不相關,−1 則
是完全負相關。

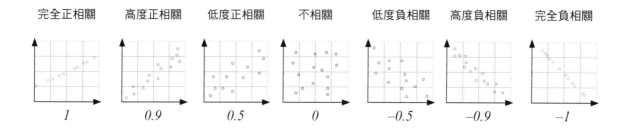

# 混沌

在數學上,「混沌」指的是極為複雜的系統,當中的初始條件如果產生任何微小變化,都會大幅影響結果。

---

混沌(chaos):**發生於確定性系統中的明顯隨機過程。混沌系統是帶有碎形吸子的動態(持續變動)系統。**

吸子:**動態系統收斂時的平衡狀態或數值點。**

奇異吸子:**吸子如為碎形,即稱為奇異吸子。**

碎形幾何圖形的結構無論是用何種尺度測量,都會呈破碎狀態。

下圖為勞侖次吸子這種奇異吸子的示意圖。

初始條件:**系統的初始條件即使只產生些微變化,也可能使系統的最終狀態劇烈改變。**

確定性系統:**對某系統的初始條件和這些條件隨時間變化的模式都已充分了解,因此可預測系統結果。**

耦合擺:**擺錘屬於確定性系統(詳情請參閱 p. 34 的「簡諧運動」)。兩個擺錘可組成雙擺(一個擺錘連接於另一個的尾端),形成不規則運動。雙擺不規則的程度依擺錘從多高的位置落下而定。**

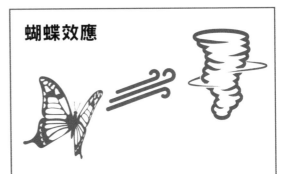

## 蝴蝶效應

蝴蝶效應(the butterfly effect)發源於這樣的想法:**祕魯熱帶雨林中的蝴蝶拍動翅膀後,最終能使格拉斯哥的天氣產生變化。**這種說法通常是過於誇大,畢竟除了蝴蝶振翅外,大西洋的風況和其他各式因素也會造成天氣改變。

預測天氣:**天氣系統的初始條件是可測量的,所以就某種程度而言,人類可以預測天氣,但因為系統中存在太多不穩定的變數,所以不可能沒有誤差。**

偽隨機:**由軟硬體系統所產生的隨機近似值。這些數值其實具有確定性,並不是真正的隨機數。「隨機選取」的真正定義是每個數字獲選的機率相同,且不可能預測會選出哪個數字。**

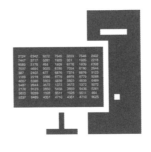

# 虛數

虛數也稱為「複數」，是指平方後會產生負數的數字，可從 $x^2 = -1$ 這個方程式求得，表達方式為實數乘以「$i$」。

---

「$i$」是負數的平方根，定義方程式為 $i \times i = -1$。 $i = \sqrt{-1}$

---

畢氏定理 $a^2 + b^2 = c^2$ 可幫助我們以座標形式畫出虛數。虛數並不在**數線**上，而是存在於**實面**（或稱**複數平面**），且可以透過座標定位。

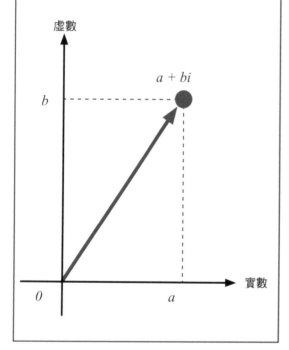

$i$ 具有一個令人驚訝的特質。這個虛數乘開後，可能產生四個結果：

- $i \times i = -1$
- $-1 \times i = -i$
- $-i \times i = 1$
- $1 \times i = i$

透過下列假設，我們可以計算 $i$ 的指數：

$i = \sqrt{-1}$ $i^2 = -1$ $i^3 = -\sqrt{-1}$ $i^4 = 1$ $i^5 = \sqrt{-1}$

上列計算結果具有循環性，所以虛數可以**應用於循環或振盪現象**。正因如此，虛數已廣泛見於訊號處理、通訊、無線科技、成像科技、聲波分析、電子學、雷達和自然循環等領域。

虛數可幫助我們深入了解振盪現象，沒有虛數，就沒有**數位類比轉換**技術，甚至不會有**網路**。

「虛數」（imaginary）這個詞最早是從 17 世紀開始使用，但當時帶有貶義，意思是「沒有人懂的數學」。

# 非歐幾何

在歐式幾何（Euclidean geometry）中，平行線永遠不會相交，
但數學中也有其他類型的幾何，且每一種對於平行線的規定也不盡相同。

---

歐式幾何適用於零曲率的二維座標系統，而非歐幾何則用於規範各式曲面，譬如球狀曲面（橢圓）或形狀像馬鞍的表面（雙曲線）。

雙曲線
Hyperbolic

歐式
Euclidean

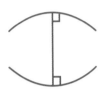

橢圓
Elliptic

---

### 歐式平面
### Euclidean plane

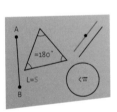

零曲率
歐式幾何

### 球狀曲面
### Surface of a sphere

正曲率
橢圓幾何

### 鞍狀曲面
### Surface of a saddle

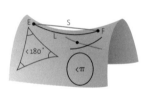

負曲率
雙曲幾何

以三角形的內角和為例，在歐式幾何中，這個角度必須為 180°，但在非歐幾何（即橢圓和雙曲幾何）中，則沒有此限制。

- **橢圓曲面**：帶正曲率，且三角形的內角和超過 180°。
- **雙曲曲面**：帶負曲率，且三角形的內角和小於 180°。

---

非歐幾何可用於描述**電磁場和重力場**中的**彎曲表面**。

## 橢圓投影

假設有一台飛機從北京飛往多倫多，從飛機的角度來看，飛行路徑是直線，但事實上卻是曲線。

## 雙曲幾何

雙曲幾何中的各種模型在愛因斯坦的相對論中扮演重要角色。

龐加萊圓盤模型（Poincaré disk model）：用於呈現曲線的二維雙曲幾何投影模型。

貝爾特拉米 - 克萊因模型（Beltrami Klein model）：將彎曲空間投影至二維圓盤的模型，呈現的結果會是直線。

# 費馬最後定理

皮埃爾・德・費馬（Pierre de Fermat，1607-1665）是熱愛數學的法國律師，對於類似畢式定理的方程式很感興趣，想知道 $a^2 + b^2 = c^2$ 中的平方限制是否能改為 3 次方或 4、5、6 等等更高的指數。

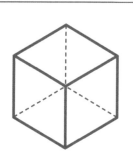

費馬定理（Fermat's theorem）的內容：整數 n > 2 時，不可能找到符合下列公式的三個正整數：

$$x^n + y^n = z^n$$

## 畢式三元數

n = 2 時，$x^n + y^n = z^n$ 有無限多解，這些解稱為**畢式三元數**（Pythagorean triples）。

例如：

$$3^2 + 4^2 = 5^2$$
$$9 \ + \ 16 \ = 25$$

$$161^2 + 240^2 = 289^2$$

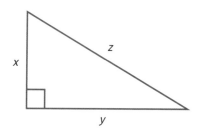

根據費馬的說法，$x$、$y$、$z$ 的指數若大於 2（如 $x^5 + y^5 = z^5$），則此公式無正整數解。

$$x^5 + y^5 = z^5$$

費馬自稱知道如何證明上述定理，偏偏他手邊只有正在看的那本書可以寫東西，但「書頁邊緣的空間又不夠」……結果他還沒能把方法記下來就過世了。

幾百年來，許多數學家都曾企圖證明費馬的定理。

## 合作式數學研究

數學領域的成果發表後，可由其他數學家來檢驗，這種合作式研究方法有許多好處。雖然費馬自認已想出證明定理的方法，但許多數學家都覺得那只是他單方面的認定。由於他是獨立進行研究，所以並沒有任何人檢查過他的計算。

歷來許多數學家都曾有望成功證明出費馬定理，卻都在研究經過檢查後功敗垂成。數學家安德魯・懷爾斯（Andrew Wiles）曾在 1994 年完成部分證明，為其他有志之士開創出可望通往完整證明的路。

懷爾斯利用岩澤理論（Iwasawa Theory）證明了谷川 - 志村猜想。谷山豐（Yutaka Taniyama）和志村五郎（Goro Shimura）在他們的猜測（英文又稱「modularity theorem」，意為「模組化定理」）中探討橢圓曲線，並結合了數論與拓樸學。岩澤建吉（Kenkichi Iwasawa）的理論即為數論的一部分。

# 歐拉常數

歐拉常數（Euler's number）「$e$」是 2 和 3 之間的不合理數，
也是數學領域最重要的常數之一。

---

$e = 2.718281828459045235360287471352 7...$

---

里昂哈德・歐拉（Leonhard Euler，1707-1783）是瑞士數學家，
即使在失明後，仍廣泛從事數學研究。

歐拉常數 $e$ 與應用數學及物理研究中的成長有關，如人口成長和
氣溫變化。

雅各布・白努利（Jacob Bernoulli，1655-1705）在探討變化率
和複利時開始研究歐拉常數，是第一個深入了解此常數的學者。

假設你在銀行存了一枚硬幣，且年利率為 100%，那麼你在年底
就會擁有兩枚硬幣；但如果銀行將方案改成 50% 的半年利率、
25% 的季利率或 12% 的月利率，那結果會有何變化呢？

| 賺取的利率 | 每年存入的硬幣 | 每年可獲得的總硬幣數 |
| --- | --- | --- |
| 100% | 1 | 2 |
| 50% | 2 | 2.25 |
| 25% | 4 | 2.44140625 |
| 12% | 12 | 2.61 |

只要將利率週期持續縮短，上表就能無限延伸，且結果會
漸近於 $e$，至於 $e$ 這個常數則是無限。

下列公式也可計算 $e$ 的值：

$$e = 1 + \frac{1}{1} + \frac{1}{1.2} + \frac{1}{1.2.3} + \frac{1}{1.2.3.4} + \cdots 無限多項$$

$$= 1 + 1 + \frac{1}{2!} + \frac{1}{3!} + \frac{1}{4!} \cdots$$

$$n = 1 , 2 , 3 \cdots\cdots n$$

## $e$ 與數值成長

令 $y = e^x$，即可得出下列曲線。

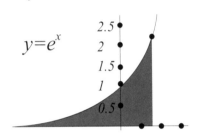

$$y = e^x$$

除了 $y = e^x$ 外，沒有任何函
數具有下列性質：**梯度上的
任一點、梯度的曲率，以及
曲線下的面積皆等值**（$e^x$）。
此性質可用於簡化微積分（用
於描述變化率的方程式）。

## 歐拉等式

圓周率 π 是由圓周除以直徑
所得出的不合理數。歐拉想
出了下列方程式，將 π 與 $e$
結合在一起，此方程即為歐
拉等式（Euler Identity）

$$e^{i\pi} + 1 = 0$$

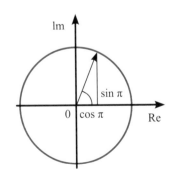

# 曼德博集合

曼德博集合（Mandelbrot set）有種令人著迷的美，所以才如此出名。
集合中的數值是複數代入以 2 為邊界定義的函數後，所得出的結果。

---

曼德博集合的運作方式可以透過**複數平面**來探討：

$$a + bi$$

實數    $i^2 = -1$

如果將特定複數以座標形式標於複數平面，則此複數的大小可表示為｜$a + bi$｜，如下圖所示：

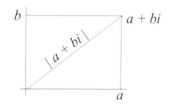

## Z 函數

假設我們令特定複數為 $c$，且函數「z」的方程式如下，當 $c = 1$ 時，我們可以計算出 $z$ 的結果，再將此數值代回函數計算，重複執行後可得出下列結果：

$$f_1(0) = 0^2 + 1 = 1 \rightarrow$$
$$f_1(1) = 1^2 + 1 = 2 \rightarrow$$
$$f_1(2) = 2^2 + 1 = 5 \rightarrow$$
$$f_1(5) = 5^2 + 1 = 26 \rightarrow \ldots$$

上列過程稱為「**疊代**」（也就是將前一次的計算結果用來做為下一次的初始值），顯示出函數 $z$ 的疊代性質。

曼德博集合與｜$a + bi$｜的大小息息相關，這個數值等於 $f(z)$ 的結果，也就是這些結果在複數平面上與座標原點 0 的距離。就 z 函數而言，**疊代的值為無限大**。

在 $c = -1$ 的情況下，結果會落在邊界為 2 的範圍之中：

$$f-1(z) = z^2 + -1$$
$$f-1(0) = 0^2 + -1 = -1 \rightarrow$$
$$f-1(1) = -1^2 + -1 = 0 \rightarrow$$
$$f-1(0) = 0^2 + -1 = -1 \rightarrow \ldots$$

---

## 複數集

如果 $f(z)$ 的結果皆位於邊界為 2 的區域，則會落在曼德博集合之中，並產生迷人的圖樣。在邊界為 2 的情況下，函數即使經過疊代與無限展開，也不會發散。

如果將曼德博集合放大細看，即可觀察到數量無窮的細節和結構所形成的碎形圖。

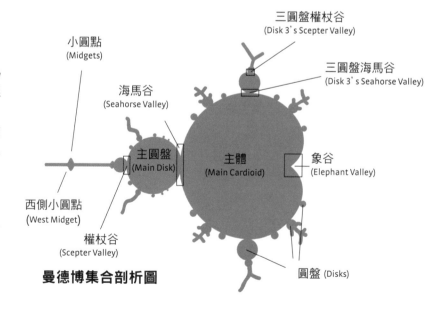

小圓點
(Midgets)

海馬谷
(Seahorse Valley)

三圓盤權杖谷
(Disk 3's Scepter Valley)

三圓盤海馬谷
(Disk 3's Seahorse Valley)

主圓盤
(Main Disk)

主體
(Main Cardioid)

象谷
(Elephant Valley)

西側小圓點
(West Midget)

權杖谷
(Scepter Valley)

圓盤 (Disks)

**曼德博集合剖析圖**

# 拓樸學

拓樸學（topology）是研究不同表面與空間的學問，
涉及形狀在無撕裂、切割或黏接情況下的連續形變。

拓樸研究中的物件可依所含洞數來分類。從拓樸學的角度來看，馬克杯和甜甜圈並沒有差別，因為只要慢慢擠壓，即可在無切割或撕裂的情況下，將甜甜圈重塑為馬克杯的形狀。

## 拓樸物件的種類

- **環面**：帶有一個洞的甜甜圈形狀物件。

- **雙環面**：形狀像兩個甜甜圈接在一起，在拓樸學上稱為**雙環面**。

- **三環面**：有三個洞，外形像蝴蝶餅。

環面 Torus

雙環面
Double torus

三環面
Triple torus

## 莫比烏斯帶

莫比烏斯帶（Monius strip）的兩面相接，相連的部分為螺旋狀，形成連續表面。就數學術語而言，莫比烏斯帶是存在於三維空間的二維物件。

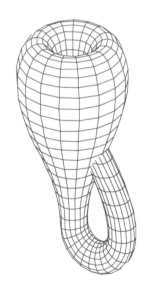

## 克萊因瓶
（Klein bottle）

克萊因瓶是存在於三維空間的二維表面，且外部和內部結構具連續性。

## 儒勒・昂利・龐加萊

龐加萊（Jules Henri Poincaré，1854-1912）是法國數學家，同時也身兼理論物理學家及科學哲學家，拓樸學就是由他所發展；另外，他對扭曲空間的數學原理甚有了解，所以對相對論也貢獻良多。

根據龐加萊猜想（Poincaré Conjecture），環面上的兩個圈不可能連續收合成一點，所以如果某球面上的圓圈可收緊於一個點，那麼環面與這個球面就「不是同胚」。

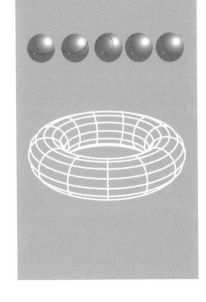

# 軌道共振

天體力學涉及行星和衛星軌道、太陽、太陽系和銀河系中心的交互及總體作用，
研究重力方面的相互影響是如何維持軌道固定或改變軌道。

隨著時間演進，公轉的行星與衛星會交換動能，最終彼此同步。如果天體的公轉週期比率為整數，那麼這些天體所組成的系統即已達到共振狀態。

## 以太陽系為例

· 火星公轉週期 = 687 天，地球公轉週期 = 365 天，兩個數字的比值為 1.88，並非整數，所以火星和地球並未達到共振。

· 冥王星和海王星的共振週期比為 2:3。

· 土星內圈各衛星之間的共振狀態不穩，所以公轉比值並非整數。這就是土星內軌光環的成因。

· 木星的衛星木衛三、木衛二和木衛一的共振比值為 1:2:4，也就是說木衛三繞木星 1 圈時，木衛二和木衛一已分別繞了木星 2 圈和 4 圈。

## 數學真有用：比率與共振週期

如果要簡化比率，確定兩個軌道是否共振，只要將兩個公轉週期都乘上或除以可整除兩數的數值即可（舉例來說，3:6 可簡化為 1:2）。

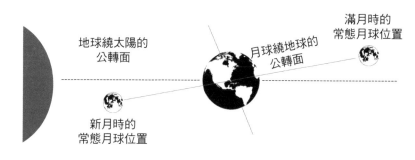

地球繞太陽的公轉面

月球繞地球的公轉面

滿月時的常態月球位置

新月時的常態月球位置

## 地月系統（Earth-moon）

地球和月亮呈「自旋軌道」共振，由於地月已達潮汐鎖定，所以月亮永遠都以同一側面對地球，且自轉和公轉的週期相同，會引發地球潮汐。不過除此之外，太陽的影響也是潮汐成因之一。

## 進動（Precession）

地球的赤道直徑約為 7,926 英哩，兩極間的距離則為 7,900 英哩左右；赤道處因為月球繞地球公轉造成地月互相吸引，所以略有突出。地月之間的重力交互作用會導致地球的自轉軸晃動，形成如陀螺儀般的「進動」現象。

木衛三 4:1

木衛二 2:1

木衛一 1:1

木星

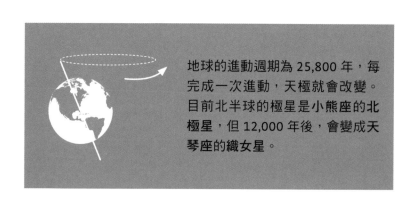

地球的進動週期為 25,800 年，每完成一次進動，天極就會改變。目前北半球的極星是小熊座的北極星，但 12,000 年後，會變成天琴座的織女星。

# 巴塔尼

巴塔尼（Al-Battani，922-850）是伊斯蘭黃金時代的天文學家兼數學家，
一般認為他活動於美索不達米亞的北部地區，也就是現今的土耳其。

雖然巴塔尼的生平相關資訊不多，但我們知道他父親從事科學儀器製作。巴塔尼的研究影響深遠，包括哥白尼、伽利略、克卜勒和第谷·布拉赫（Tycho Brahe）都曾引述他的著作。

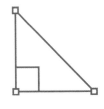

## 星表（KITAB AZ-ZIJ）

巴塔尼曾受託製作星表，用來預測太陽、月亮與行星在行進時與固定星體的位置關係，另外，這份星表當時也用於計算春秋分的日期，在航行、文化和神學方面都極為重要，目前初版手稿保存於梵蒂岡圖書館。

## 正弦、餘弦和正切

巴塔尼曾編纂全面性的三角函數運算表，是最早將三角函數用於研究的學者之一。就科學家想了解的許多現象而言，三角函數都是進行相關研究的必備條件。

## 星盤

星盤發明於伊斯蘭黃金時代，又稱為**傾斜儀**，當中帶有**象徵運動天體的移動式元件**，可呈現**夜空的景象**，亦可用來測量座標與時間，是航海時不可或缺的工具。

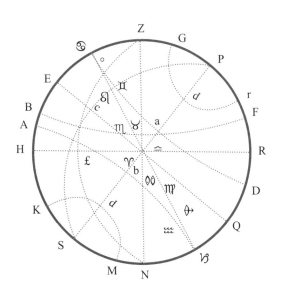

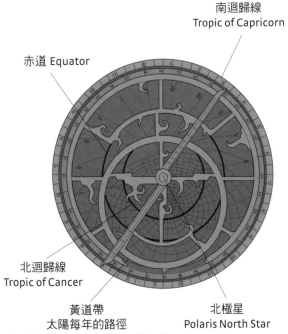

南迴歸線
Tropic of Capricorn

赤道 Equator

北迴歸線
Tropic of Cancer

黃道帶
太陽每年的路徑
Tropical Zodiac Annual Path of the Sun

北極星
Polaris North Star

# 簡諧運動

簡諧運動（Simple Harmonic Motion，簡稱「SHM」）牽涉到位能（Potential Energy，簡稱「PE」）、動能（Kinetic Energy，簡稱「KE」）和角動量之間的交互作用，可用於分析振盪運動。

## 動能（K）：物體運動的能量

$$K = \frac{1}{2}mv^2$$

$v$ = 速度（公尺 / 秒）
$K$ = 動能（焦耳）

## 位能（PE）：物體中儲存的能量

$$PE = mgh$$

$m$ = 質量（公斤）
$g$ = 9.8 牛頓 / 公斤
$h$ = 高度 / 公尺

## 等速圓周運動

等速圓周運動指的是以固定速度繞圓形軌道運動。

角速度公式為：

$$\omega = f \times 2\pi$$

・$\omega$ = 角速度
・$f$ = 牛頓第二定律中的外力
・$r$ = 半徑

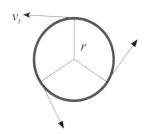

## 擺錘

擺錘運動（pendulum motion）可用相同於圓周運動的數學式來描述。在此運動中，角振幅與圓的半徑相等。擺錘甩至最高處後會瞬間停止運動，然後重量會使運動方向改變。

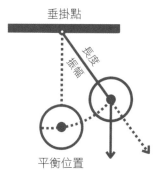

垂掛點
長度
振幅
平衡位置

・擺錘停止時，$KE = 0$，且 $PE$ 為最大值。
・擺錘的重量處於平衡狀態時，$KE$ 為最大值，且 $PE = 0$。

## 彈簧運動

・彈簧延伸至最長時，$PE$ 為最大值，$KE = 0$。
・彈簧長度為最長的一半時，$KE$ 為最大值，$PE = 0$。

## 彈簧常數與虎克定律

類似彈簧或具彈力的物質都有一項特殊性質，那就是彈簧常數（spring constant）。這個係數通常以字母 k 來表示。

$$F = -k \times x$$

$F$ = 牛頓力（或恢復力）　　$k$ = 彈簧常數　　$x$ = 延伸長度（以公尺為單位）

## 頻率

每秒完整振盪的次數或全波的數量

$F$ = 單位時間內波所振動的次數

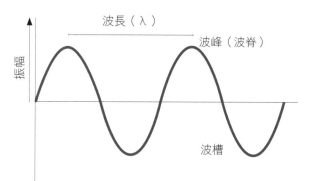

波長（λ）
波峰（波脊）
振幅
波槽

# 光學

光線模型（the Ray Model of light）以視覺方式說明光與不同物質的交互作用方式。

---

## 反射定律

射到反射表面上的光會以相同於入射角的角度，從反方向射出，也就是說入射角＝反射角。

## 折射定律

光線傳遞至不同的介質時，折射角會小於入射角，至於兩個角度之間的關係，則可用司乃耳定律（Snell's law）來說明：

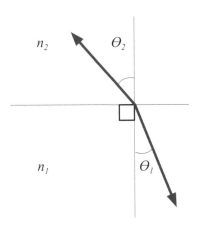

$$n_1 \sin \theta_1 = n_2 \sin \theta_2$$

折射角度取決於折射率——也就是各種不同物質都具備的光學性質。

折射率公式：$n = \dfrac{c}{v}$

- $n$ = 折射率
- $c$ = 光在真空中的速度
- $v$ = 光在介質中的速度

折射率越高，折射角就越小。

---

## 透鏡與焦點

透鏡放大率可依下列公式計算：

透鏡放大率 = $P$
（以折光度來衡量）
透鏡焦距 = $f$
（以公尺為單位）

$$P = \dfrac{1}{f}$$

### 凸透鏡（會聚透鏡）與凹透鏡（發散透鏡）

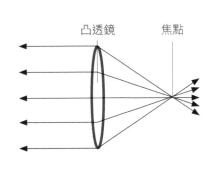
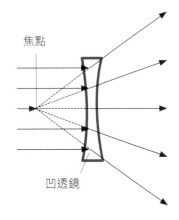

### 透鏡與焦點

$$\dfrac{1}{f} = \dfrac{1}{u} + \dfrac{1}{v}$$

$f$ = 焦距（公尺）
$u$ = 物體與透鏡的距離（公尺）
$v$ = 成像與透鏡的距離（公尺）

## 相長干涉和相消干涉

相長：兩道光波的波槽或波峰相互撞擊
相消：波峰和波槽相互抵消

## 繞射模式（diffraction patterns）

條狀的相長與相消干涉，有時又稱為干涉模式（interference patterns）。

# 聲音與聲學

聲音起源於分子在介質中的振動，不僅聽得到，也感覺得到。

## 聲波種類

· 橫波：正弦波。光波為橫波，可在真空中傳遞。
· 縱波：僅能透過介質（如泥土或空氣）傳遞的波，能量則是透過壓縮波及稀疏波傳遞。

下圖呈現縱波是如何壓縮空氣分子，並在傳遞的過程中扭曲大氣壓力。兩次壓縮間的距離即為完整波長。

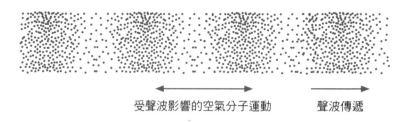

受聲波影響的空氣分子運動　　　聲波傳遞

## 駐波

吉他等各式樂器的弦都受限於固定的波節之間。

基本模式：弦上駐波

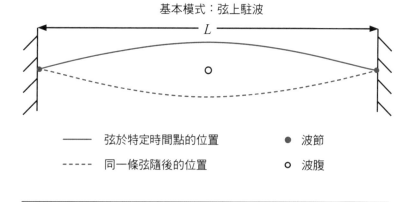

――― 弦於特定時間點的位置　　● 波節
- - - - 同一條弦隨後的位置　　○ 波腹

## 共振頻率

共振頻率（或稱自然頻率）是弦、擺錘或具有彈性的物體，從靜態位置開始移動的頻率。

## 諧波

長度與兩端皆固定的弦在受限於兩個波節間的情況下，可以振動並產生數量為整數的波形。就產出的頻率而言，每道波都會是諧波（harmonics），也就是說各頻率的比率皆為整數。

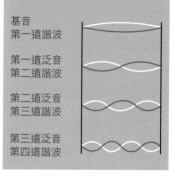

基音
第一道諧波

第一道泛音
第二道諧波

第二道泛音
第三道諧波

第三道泛音
第四道諧波

## 都卜勒頻移

聲音如果自移動中的音源傳出，那麼聲波越傳越近時，我們會覺得音調變高，反之則會覺得音調降低，這就是都卜勒頻移（Doppler shift）。之所以會有這種現象，是因為聲源在移動時，最前端的波距離稍近，會因而產生些微的壓縮效果，使頻率提高。除了聲音之外，光波也有頻移的現象。

波長越長，　　　　　波長越短，
頻率越低　　　　　　頻率越高

# 望遠鏡

自古至今，人類對宇宙的了解經常因視力和想像力而受限。

望遠鏡是以可提供放大效果的凸面鏡所製成（相關細節請參閱 p.33 的「光學」一節），最早的相關著作是伊斯蘭學者海什木（Ibn al-Haytham，965-1040）的《光學之書》（*The Book of Optics*）。這本書譯成拉丁文後，啟發了 13 世紀的科學家羅傑·培根（Roger Bacon，1214-1292）將當中描述的製作方法帶入英國。

## 望遠鏡

目前已知的**最早望遠鏡**是在 1608 年出現在**荷蘭**。伽利略（1564-1642）等許多天文學家都曾用望遠鏡觀察過夜空與月亮，其實就是他透過觀測結果，證明地球位在以太陽為中心的行星系統之中。

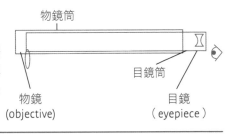

物鏡筒

目鏡筒

物鏡
(objective)

目鏡
（eyepiece）

## 太陽系：以太陽為中心的行星系統

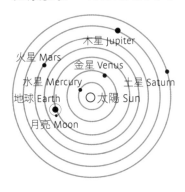

木星 Jupiter
火星 Mars
金星 Venus
水星 Mercury
土星 Saturn
地球 Earth　○太陽 Sun
月亮 Moon

### 天文觀測站

· 天堡天文台（Uraniborg）位於丹麥，布拉赫（1546-1601）曾在此進行天文觀測與煉金術實驗。

· 印尼拉加斯坦邦齋浦的簡塔曼塔天文台（Jantar Mantar）完工於 1734 年，主打全世界最大的石製日晷，以及 19 座建築式天文儀器。

## 紅外線光學望遠鏡

夏威夷的毛納基山天文台（Mauna Kea Observatory）坐擁 12 架望遠鏡，全是由國際天文物理學研究組織所建，其中，27 呎昂星團紅外線光學望遠鏡的主鏡大小在世上名列前茅，是由日本研究人員於 1999 年建造而成。

## 陣列望遠鏡

· ALMA（Atacama Large Millimeter / submillimeter Array，阿塔卡瑪大型毫米及次毫米波陣列）完成於 2011 年，由位於智利阿塔卡瑪沙漠的 66 架獨立無線電望遠鏡所組成，可偵測波長僅毫米或次毫米的電磁輻射。

· 暱稱天眼的「球面無線電望遠鏡」（Spherical Radio Telescope）於 2016 年啟用，所在地點為中國西南的平塘縣。

### 反射望遠鏡

這種望遠鏡結合曲面鏡、平面鏡和透鏡。史上第一台反射望遠鏡是由牛頓於 1668 年製作而成。

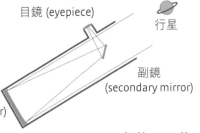

目鏡 (eyepiece)

行星

副鏡
(secondary mirror)

主鏡 (primary mirror)

加州威爾遜山天文台（Mount Wilson Observatory）的 **100 英吋虎克望遠鏡**（Hooker 100-inch Telescope）幫助愛德溫·哈伯（Edwin Hubble，1889-1953）於 1923 年證明仙女座星系位於銀河系外。

# 做功、功率與能量

以力使物體移動,即有做功。舉重、跑步、走路、攀岩或推動物品時,我們的身體都在「做功」。

## 做功

做功包含兩項因素:作用力（F）和物體位移的距離（d）,可透過以下公式計算,單位與能量相同,都是焦耳:

做功 = 力 × 距離

$$W = F \times d$$

- W 的單位為焦耳（J）
- F 的單位為牛頓（N）
- d 的單位為公尺（m）

能量是做功的能力。能量用於做功時,功的大小就等於傳遞的能量。

## 能量

能量不能創造或消滅,只能在各種不同形式間轉換。在轉換過程中,部分能量「必定」會消散,換句話說,世上沒有任何物體能永遠維持運動狀態。

## 效率

能量從輸入轉化為輸出時（如引擎或家電）,我們可能會需要效率方面的資訊。所謂能量效率,指的是輸入的能量中有多少能確實轉為輸出,單位為焦耳（J）:

$$效率 = \frac{所輸出的可用能量}{總輸入能量}$$

$$效率百分比 = 效率 \times 100$$

$$效率百分比 = \frac{所輸出的可用能量}{總輸入能量} \times 100$$

## 功率（Power）

功率是做功的效率,可讓我們知道能量需要多久的時間才能傳遞完成。計算方式為將做功除以時間,結果會是每單位時間內所做的功:

$$P = \frac{W}{t}$$

- $P$ = 功率,單位為瓦特（w）
- $W$ = 做功,單位為焦耳（J）
- $t$ = 時間,單位為秒（s）

### 做功

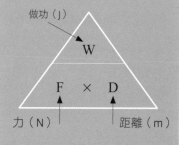

做功（J）

W

F × D

力（N）　　　距離（m）

做功（J）= 力（N）× 距離（m）
距離的方向必須與力的作用方向相同

# 克卜勒定律

約翰尼斯・克卜勒（Johannes Kepler）是德國天文學家，同時也研究數學和占星，不僅發展出
行星運動定律，還曾寫過名叫《夢》的科幻小說（*The Somnium*，在拉丁文中為夢境之意）。
然而，他廣泛從事各領域的結果，卻是遭到天主教基本教義派分子的迫害，最後不得不遠走他鄉。

## 1596 年的《宇宙的奧祕》

（*Cosmographic Mystery*，
拉丁文為 *Mysterium Cosmographicum*）

克卜勒曾試驗性地將三維空
間的多面體（也就是**柏拉圖
立體**）對應至當時已知的六
個行星：**水星、金星、地球、
火星、木星和土星**，但最後
因為與觀察結果不符而推翻
了這個想法。

## 克卜勒與布拉赫

克卜勒在 1600 年認識了擔任**神聖羅馬帝國國
王魯道夫二世**御用天文學家的**布拉赫**。布拉赫
擅於觀察，擁有設備極佳的天文台，但對觀測
數據也是保密到家。不過克卜勒在數學方面的
專長讓他很感興趣，於是兩人開始合作，只是
經常爭執。布拉赫於 1601 年過世後，克卜勒
受封**皇家數學家**，承接了布拉赫的天文台與觀
測數據，因而發展出**三大行星運動定律**。

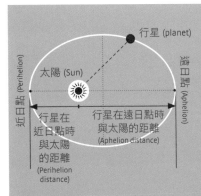

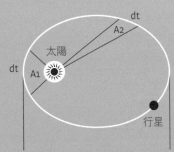

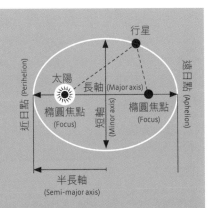

### 克卜勒第一定律

所有行星皆以太陽為焦點，
繞橢圓的軌道公轉。

- 所謂橢圓指的是較扁或呈
  卵狀的圓形。
- 離心率代表橢圓的扁平程
  度。
- 離心率的範圍在 0 和 1 之
  間，0 代表正圓。

### 克卜勒第二定律

繞日公轉的行星與太陽的連
線，在相同時間會掃過相同
的面積，也就是 A1 = A2。根
據克卜勒第二定律，行星靠
近太陽時會行進得比較快，
遠離太陽時運動則會稍慢。

### 克卜勒第三定律

此定律描述行星公轉週期和
與日距離的關係。

- 公轉週期的平方與橢圓軌
  道半長軸的三次方成正比。
- **長軸**：橢圓內部最長的直
  徑。
- **短軸**：橢圓內部最短的直
  徑。
- **半長軸**：最長直徑的一半。

# 諾特的守恆定律

所謂守恆定律（conservation laws），指的是物理系統即使隨時間演變，
當中的既定性質仍保持不變。

## 角動量守恆

· 角動量（angular momentum）等於物體繞**中軸**運動時的**旋轉慣性乘以旋轉速度**。
· 除非受到外力作用，否則總**角動量為不變常數**，稱為角動量守恆。
· 動量＝質量 × 速度

花式溜冰選手在旋轉時，可以收起雙手，藉此加快旋轉速度，因為這樣能降低角動量。

雙手收合，
旋轉速度加快

雙手打開，
旋轉速度變慢

## 諾特的對稱不變性

愛因斯坦相對論中的一個關鍵要點在於「光速在所有座標系中皆同」，也就是說，並非所有物理性質皆具相對性。許多物理現象符合守恆定律，右側表格列出這些現象及對應的諾特對稱不變性（Noether Symmetry Invariance）種類（也就是不會改變的性質）。

| 守恆定律 | 諾特對稱不變性 |
| --- | --- |
| 線動量 | 轉換不變性 |
| 角動量 | 旋轉不變性 |
| 質能公式（E = m） | 時間不變性 |

### 牛頓擺錘

由於線動量守恆（即空間對稱），所以若將一整排擺錘中最側邊的一個拉起並放掉，最靠另一側的擺錘也會彈起。

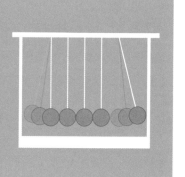

埃米·諾特（Emmy Noether，1882-1935）是德國籍的猶太數學家，愛因斯坦曾借助她廣博的數學知識發展相對論。
諾特定理（Noether's theorem）的細節相當複雜，但大意如下：如果特定公式具有對稱性，則此公式規範的物理性質即符合守恆定律。

## 埃米·諾特

· 於 1908 到 1911 年間發展出**不變性理論**。
· 遭受嚴重**歧視**，在 1923 年前從未領過薪水，幸好家境寬裕。
· 在 1920 到 1926 年間從事**拓樸學**研究。
· 在 1930 年代於德國遭到**納粹迫害**，不得不放棄工作。
· 逃亡到美國後，於**賓州**的**布林莫爾學院**（Bryn Mawr College）任教。
· 1935 年因手術後感染**去世**，享年 53 歲。

# 牛頓運動方程式

牛頓的三大運動定律發表於他 1686 年出版的《自然哲學之數學原理》（*Philosophiae Naturalis Principia Mathematica*）中，可描述運動中的物體。

## 牛頓三大運動定律

### 第一運動定律

除非受外力作用，否則靜止物體會保持靜止，直線等速運動物體的運動模式也不會改變。這就是慣性的定義。

### 第二運動定律

物體受到外力影響時，速度會改變，且淨力大小（外力總和）等於動量的改變量。

$$F = m \times a$$

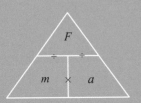

- a＝加速度（公尺 / 秒²）
- m＝質量（公斤）
- F＝力（牛頓）

### 第三運動定律

每個動作（力）都必然會產生大小相同的反作用力。

## 正向力

正向力（normal force）是物體在特定表面上（如桌面或斜面）所受的力。根據牛頓第三定律，正向力的作用方向與重量相反，且與表面垂直（夾角為 90°）。

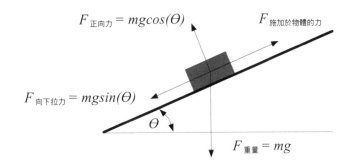

$F_{正向力} = mgcos(\Theta)$

$F_{施加於物體的力}$

$F_{向下拉力} = mgsin(\Theta)$

$\Theta$

$F_{重量} = mg$

## 必備知識

下列要素為了解物體運動原理的必備知識。

- $t$＝時間（秒）
- $s$＝位移（公尺）
- $v$＝速度（公尺 / 秒，每秒的位移距離，以公尺為單位）
- $a$＝加速度（公尺 / 秒²，速度每秒的改變，以公尺 / 秒² 為單位）

## 運動方程式

下列方程式描述運動的基本性質，以及各變數間的關係。

[1] $v = u + at$

[2] $s = ut + \frac{1}{2}at^2$

[3] $s = \frac{1}{2}(u + v)t$

[4] $v^2 = u^2 + 2as$

[5] $s = vt - \frac{1}{2}at^2$

## 速率與速度

速率和速度的定義都是單位時間內的位移距離。

- 速率僅測量距離的改變率大小，屬於純量。
- 速度同樣也測量距離的改變率，但包含大小與方向，因此為向量。

# 萬有引力常數

自然界存在許多常數，其中，萬有引力常數 G 是用於計算具質量的兩個物體間因萬有引力而產生的引力作用。

## 萬有引力

· 萬有引力（gravity）會使宇宙中的所有物質相互吸引，就連光也不例外。
· 萬有引力將氣體、塵埃顆粒等物質聚集在一起，宇宙才能成形。
· 行星之所以不會偏離公轉軌道，是因為太陽引力的緣故。
· 銀河系中央存在黑洞，這樣的結構是因為萬有引力而形成。

## 互引力

假設你手上有一顆球，放開手後球會掉到地上，在此過程中，球和地球的質量會使互引力產生，且兩者對彼此的引力大小相同，球之所以會掉向地面，是因為地球的質量比球大上許多。

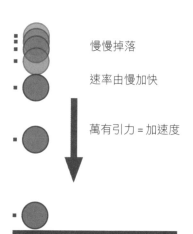

慢慢掉落

速率由慢加快

萬有引力 = 加速度

## 引力加速度

自由落體因引力而產生的加速度一般以 $G$ 來表示，只要透過 $F = ma$ 公式，即可計算重力造成的引力加速度。在此情況下，引力等於重量（與質量不同）。

· 地球上的重力加速度為
$G = 9.81/ms = 9.81ms^{-1}$
· 此處所指的力以牛頓為單位，至於質量則以公斤為單位。

下列方程式可用於計算兩個質點間的萬有引力：

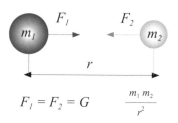

$$F_1 = F_2 = G \frac{m_1 m_2}{r^2}$$

此公式為平方反比律，也就是說離引力中心越遠，引力就越弱。

平方反比律描述的關係如下：特定物理量的大小會與受力物和力源的距離平方成反比。在下式中，$G$ 代表萬有引力常數：

$$G = 6.7 \times 10^{-11} \frac{Nm^2}{kg^2}$$

科學家亨利·卡文迪什（Henry Cavendish）曾在 1797 和 1798 年間用扭秤來測量萬有引力常數的值。他將兩顆小鉛球用金屬線材掛在水平木棍兩側，再將兩顆很重的球體固定放好，觀察小鉛球是否會受到吸引。最後，他藉由測量木棍向較重球體旋轉的角度，算出了大小球質量間的引力。

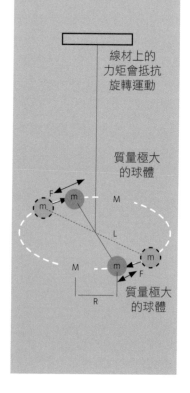

線材上的力矩會抵抗旋轉運動

質量極大的球體

質量極大的球體

# 法拉第與電磁學

麥可·法拉第（Michael Faraday，1791-1867）是以書籍裝訂學徒的身分起家，1805 年時，他剛好處理到由瑪西夫人（Jane Marcette）匿名寫成的《化學對話》（*Conversations on Chemistry*），因而開啟了科學之路。

## 電磁感應

法拉第發現了**電磁感應**（electromagnetic induction），後由詹姆斯·克拉克·馬克士威（James C. Maxwell）加以發展。

## 電動勢

法拉第的實驗顯示變化中的磁場可產生電壓，也就是所謂的**電動勢**（Electromotive Force，簡稱 EMF）。根據他的觀察，電場具有磁性。

## 電動馬達

根據法拉第的電動勢定律，磁場與電場間的**交互作用**可使馬達中的某些部件轉動。**單極馬達**就是電動馬達的一種。

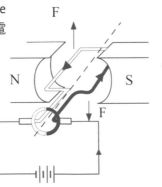

## 自製單極馬達

只要小心地彎曲銅線，並平穩地接到釹磁鐵上方的電池頂部，即可做出單極馬達。各元件的位置如果恰當，銅線就會開始**旋轉、發熱**，這就是法拉第定律所規範的現象。

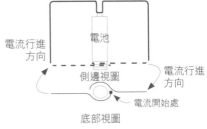

## 電解反應

**電解現象**（electrolysis）是由法拉第所發現。電流通過**電解質**這種混合物質時，當中的**正負離子**可能會分離。電解質中帶有溶解的離子（也就是帶電荷的原子），因此可以導電。

根據法拉第定律，電動勢等於磁通量變化率。
- 磁通量：磁場中的磁力大小。
- 磁場：磁鐵周圍的環境會對電荷施力。
- 冷次定律：此定律指出，感應電流會阻擋磁通量的變化，造成方向與電流相反的推力。

### 法拉第定律

$$EMF = -N \frac{\Delta \Phi}{\Delta t}$$

冷次定律

$N$ = 銅線圈旋轉的次數

$\Phi = BA =$ 磁通量

$B =$ 外部磁場

$A =$ 線圈面積

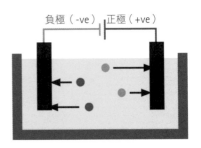

● 負電荷（非金屬離子）
● 正電荷（金屬離子）

# 熱力學

熱力學（thermodynamics）研究能量的作用、運動理論，以及大規模系統的熱輻射。
熱能是電磁波譜的一部分，會引發低能量光子的釋放。下列四項熱能定律在物理學界扮演很重要的角色。

## 第零定律

兩個熱力學系統如果均與第三個系統處於熱平衡，彼此之間必也存在**熱平衡**（兩個系統會交互作用使彼此達到平衡）。

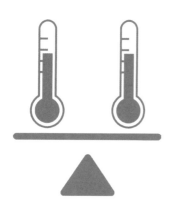

## 第二定律

非平衡隔離系統中的**熵**（entropy，原子和分子的活動能力）會隨時間改變，由**低點升高**，**越趨混亂**，並於系統平衡時達到最大值。

 低熵　　 高熵

熱能會從高溫處流向低溫處；熱傳會造成系統內能的改變。

## 第一定律

能量無法創造或消滅，只能在不同的形式間轉換，因此宇宙中的總能量不會改變。物體能量的總變化等於物體吸收的淨熱量減去所做的功。

$$\Delta U = Q - W$$

內能改變　吸收的熱量　所做的功

## 第三定律

在溫度趨近絕對零度時，熱力學系統的熵會接近最小值，換句話說，系統冷卻至克式0°（攝氏−273°或華氏−459.67°時），原子會停止振動。

## 熱寂

幾兆年後，現今和未來的太陽及所有星系終會用盡所有氫原子（也就是參與核反應，使星星能發光的物質）。

一旦所有氫原子都消耗於核反應後，宇宙中就不會再有任何物質能透過燃燒而產生光子，這就是所謂的「熱寂」（heat death），是預測宇宙終極命運的假說。根據這個理論，宇宙演化到最後，將耗盡所有可用的熱能，因此無法維繫可提升熵值的任何作用。

### 熱寂之路

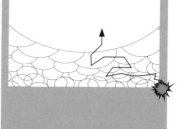

最混亂狀態（熱力學平衡）

# 絕對零度

物質與光的振動都有最低能量門檻,而原子時時刻刻都在進行微幅運動。
絕對零度是熱力學溫標的最低溫度,理論上來說,溫度降至絕對零度時,原子會停止振動。

## 克氏溫標

從量子力學的角度來看,絕對零度(absolute zero)是物質的基態,也就是物質內能最低的狀態。

### 溫度下限

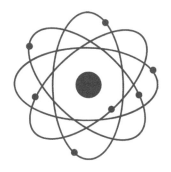

## 熱與溫度的差別

物質或物體受熱時,分子會獲得額外能量用於振動。熱指的是分子運動的總能量,而溫度是這些分子的平均熱能(也就是平均帶有多少熱)。

## 絕對零度溫標

絕對零度最初是透過理想氣體定律計算:$PV = nRT$

$$P = 壓力$$
$$V = 體積$$
$$n = 分子數(氣體分子的數量)$$
$$R = 理想氣體常數$$
$$T = 溫度$$

## 焓與熵

· 焓(enthplay)是熱力學系統中的總能量,以能量變化來衡量。
· 熵則用於描述物質的混亂程度(物質的活動能力)。

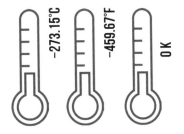

## 超冷與超導

科學家從來沒能成功複製絕對零度,但當溫度降至相當接近克式 0° 的攝氏 −273.15°時,物質就會開始產生奇異的行為,其中有一整組原子與分子樣本都展現出超導與超流等量子性質。

· 氫和氦等物質經過「超冷處理」後,可在黏度為零的狀態下流動,因此在過程中不會喪失動能。
· 超導(superconductivity)指的是零電阻的狀態。

## 麥士納效應

超導物質的溫度降至臨界值 $T_c$ 以下時,就會產生麥士納效應(Meissner effect)。此時,超導體的質量會對磁場產生排斥作用,讓磁體懸浮。

$T > T_c$

$T < T_c$

# 馬克士威方程組

蘇格蘭物理學家馬克士威（1831-1879）透過結合電場和磁場的方程組，正式確立電磁感應定律；此外，他也主張光波是電磁波的一種，並於 1861 年發表相關理論，進一步結合了電磁學與光學兩個領域。

## 電磁波譜

馬克士威發現光波也是電磁波的一種，並證明電和磁其實源自相同現象，只是以不同形態出現。

## 馬克士威方程組（Maxwell's Equations）

$$\nabla \cdot D = \rho$$

### 高斯定律

高斯定律（Gauss's law）描述靜態電場和電荷間的關係。在靜態電場中，電力線會從正電荷指向負電荷。

$$\nabla \cdot B = 0$$

### 高斯磁定律

高斯磁定律（Gauss's law for magnetism）指出磁場是由磁偶極子產生，可表示為迴圈狀；在磁力學中，相對於電荷的「磁荷」並不存在；此外，磁力線進入某空間後，必然會再次離開。

$$\nabla \times E = -\frac{\partial B}{\partial t}$$

### 法拉第定律

法拉第定律（Faraday's law）描述電磁感應現象：
- 單位電荷在封閉迴圈內移動帶電粒子所需要的功，等於磁通量的下降率。

$$\nabla \times H = -\frac{\partial D}{\partial t} + J$$

### 安培定律

根據安培定律（Ampère's law），移動中的電流和電場皆可產生磁場。

## 電場、磁場與光子

馬克士威的一項重要研究成果，是發現電場和磁場的波動以光速傳遞。在電磁波譜中，電波與磁波是以彼此垂直（90°）的方向行進。

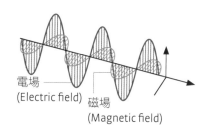

電場
(Electric field)

磁場
(Magnetic field)

## 電磁感應

只要讓電流在線圈中流動，即可製造出磁場；相反地，磁鐵穿過線圈時，也會產生電流，但電流或磁流切斷後，磁場和電場也會消失。

## 相關應用

馬克士威定律可用於處理邊界值問題、量子力學和量子電動力學中的電磁勢問題。愛因斯坦就是以馬克士威定律為基礎，進而發展出狹義與廣義的相對論。

# 馬克士威 - 波茲曼分布式

馬克士威 - 波茲曼分布式（Maxwell-Boltzmann equation）描述氣體分子在不同溫度時的移動速度。左下方的圖表顯示氣體分子於低溫、室溫和高溫時的速度分布。

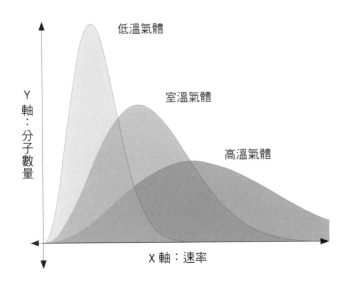

從代表高溫、室溫和低溫氣體的三條曲線中，可看出氣體處於高溫狀態時，速度上升的分子最多。

## 均方根

在統計學中，均方根（Root Mean Square，簡稱 RMS）的算法是將各數值平方並加總，然後除以數值的總數量。馬克士威 - 波茲曼分布式使用 RMS 速度，而非平均速率，這是因為粒子以四散方式朝各方向運動，如果採用平均速率，有些運動會遭到抵消。

## 機率分布

由於每個分子的速度不可能一一測量，所以機率分布最能呈現出氣體分子的可能速率、平均速率和 RMS 速率。

## 波茲曼常數

路德維希‧波茲曼（Ludwig Boltzmann，1844-1904）專門研究統計力學和熱輻射。波茲曼所測出的常數（Boltzmann's constant，可以 $k_B$ 或 k 表示），代表氣體的分子在室溫及一般氣壓下的平均動能，最早為馬克斯‧普朗克（Max Planck）所採用，不過他選擇以波茲曼的名字來命名。

$$1.38064852 \times 10^{-23} \text{ m}^2 \text{ kg s}^2 \text{ K}^{-1}$$

平均動能方程式

波茲曼常數 | $k_B$ | $1.38 \times 10^{-23}$ JK$^{-1}$  　　氣體常數 | $R$ | 8.31 JK$^{-1}$ mol$^{-1}$

波茲曼常數　　　　　　普適氣體常數

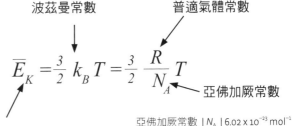

$$\overline{E}_K = \frac{3}{2} k_B T = \frac{3}{2} \frac{R}{N_A} T$$

亞佛加厥常數

亞佛加厥常數 | $N_A$ | $6.02 \times 10^{-23}$ mol$^{-1}$

粒子的平均動能

$$k_B = \frac{R}{N_A}$$

45

# 電子的發現

約瑟夫·湯姆森（J. J. Thomson，1856-1940）進行陰極射線管實驗時，發現了電子，
並針對射線中的電子測量出電荷與質量的比值。

## 陰極射線管

陰極射線管是管內空氣幾
乎皆已吸出的真空密封構
造，兩端分別是陰極（負
極）和陽極（正極），因
此能產生射向管尾的電子
射線。

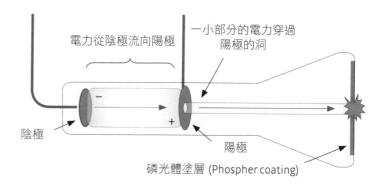

電力從陰極流向陽極 ｜ 一小部分的電力穿過陽極的洞

陰極

陽極

磷光體塗層 (Phospher coating)

**磁鐵**可使帶有電荷的電子射線集中，於磷光體塗層上成像。粒
子加速器、舊型電視和電腦終端機都是靠陰極射線管運作。

## 電子所帶的電荷

羅伯特·密立根（Robert Millikan，1868-1953）和哈維·福
萊柴爾（Harvey Fletcher，1884-1981）兩位物理學家透過「**油
滴實驗**」，算出每個電子所帶的電荷量。兩人於 1913 年發表
的研究結果顯示，電荷的確是由獨立單位所組成。密立根和福
萊柴爾計算單一電子帶電量的方法，是讓油滴懸浮在充了電的
兩個金屬電極之間，在過程中，電量必須小心控制，才能剛好
抵消重力作用，讓油滴平衡。根據計算結果，**每個電子的帶電
量為 $-1.602 \times 10^{-19}$C**，科學家通常以 e = 1 或 $-e = -1$ 來
表示。

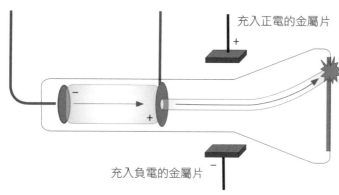

充入正電的金屬片

充入負電的金屬片

湯姆森的發現進而帶動了**光譜學**的發展。

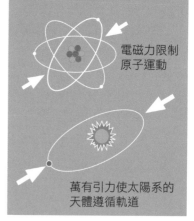

# 楊氏雙縫實驗

相關研究顯示，光子兼具粒子及波的性質。在 17、18 世紀，一般認定光是粒子，
微粒理論也因而形成，不過後來有越來越多的實驗都證明光子其實具有波動性。

## 惠更斯原理
（Huygens' Principle）

波會振盪，所以特徵相當顯著。身兼物理學家、數學家、天文學家和發明家的荷蘭學者克里斯蒂安·惠更斯（Christiaan Huygens，1629-1695）透過研究發現，只要觀察波動位置，即可預測波在未來的時間點會傳遞到哪。

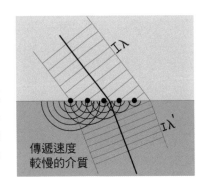

傳遞速度較慢的介質

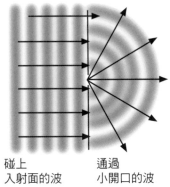

碰上入射面的波　　通過小開口的波

## 雙縫實驗

雙縫實驗最初是由湯瑪士·楊格（Thomas Young）於 1801 年執行，他朝帶有狹縫的平面發射出細窄光束，讓光通過後繼續行進，射往後方另一塊帶有兩道狹縫的板子。在第二塊板子後還置有屏幕，可反映出光波因通過縫隙而產生的干涉模式。

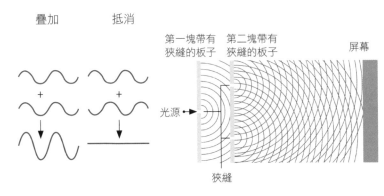

疊加　　抵消

＋　　＋

第一塊帶有狹縫的板子　第二塊帶有狹縫的板子　　屏幕

光源

狹縫

## 電子的波粒二象性

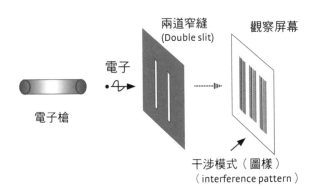

電子槍

電子

兩道窄縫（Double slit）　觀察屏幕

干涉模式（圖樣）（interference pattern）

如果將光束換成電子束，也會得到一樣的結果。只要以磁場約束電子運動，一次釋放一個電子，即可觀察到繞射模式，這個現象是由科學家柯林頓·戴維森（Clinton Davisson）和雷斯特·革末（Lester Germer）於 1927 年證實。在兩人的實驗中，個別電子展現出波動性質，因此確切位置無法定義，而此結果也無法以古典力學來解釋。

# 光子

光由光子所組成，而光子和所有次原子粒子一樣，都具有波粒二象性。
光子振盪的頻率不同，但全都是以光速行進。

光的行進速度（$c$）為常數
$c = 3 \times 10^8$ m/s（在真空狀態）

· 頻率越高，波長越短，能量也就越大。
· 頻率越低，波長越長，能量也就越小。

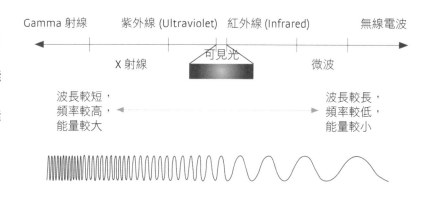

Gamma 射線　　紫外線 (Ultraviolet)　　紅外線 (Infrared)　　無線電波

X 射線　　　　　可見光　　　　　　微波

波長較短，
頻率較高，
能量較大

波長較長，
頻率較低，
能量較小

## 普朗克常數
（Planck's Constant）

德國物理學家馬克斯·普朗克（1858-1947）在加熱可吸收全頻率電磁幅射的黑體時，發現從黑體這種表面反向幅射而出的光在流動時並不均勻，而是以互不相連的光包為單位釋放，因而確信光是由獨立的光子所組成。

普朗克 - 愛因斯坦關係式
（Planck-Einstein relation）

$$E = hv = \frac{hc}{\lambda}$$

$E$ = 能量
$h$ = 普朗克常數
$v$ = 頻率
$c$ = 光速
$\lambda$ = 波長
普朗克常數
$$h = 6.626 \times 10^{-34} \text{Js}$$

## 粒子物理學

在粒子物理學中，光子（photons）是電磁力的傳遞媒介。

## 無質量粒子

光子因為不具質量，所以在真空中傳遞的速度比其他物質裡都快。

## 光在水中的速度

光會與物質互動，譬如在遇到各式材質後反射，或以折射方式穿過透明物質。光在這些情況下的行進速度之所以會變慢，並不是因為被物質吸收，或撞上當中的原子後反彈。其實折射現象應從量子力學的角度來解釋，由於入射的電磁振盪會與物質中原子周圍的電子互動，所以會造成電磁波疊加，而這種現象的淨效應，就可使光速稍微減慢。

## 折射率（z）

折射率（相關細節請參考 p.33 的「光學」一節）可用於計算光在特定物質中的速度與 c 的比率。

# 拉塞福原子

歐尼斯特・拉塞福（Ernest Rutherford，1871-1937）是生於紐西蘭的英國物理學家。
他在 1911 年進行了相關實驗，了解原子的內部結構。

## 拉塞福的實驗

拉塞福與同事漢斯・蓋革（Hans Geiger）及歐內斯特・馬斯登（Ernest Marsden）在真空中對極薄的金箔片發射 α 粒子束。

α 粒子結構

光子
中子
α 粒子
$2^+$
符號
$^{4}_{2}He$

α 粒子即為氦原子核

三人使用螢光屏幕（也就是會產生光反應的螢幕）來偵測 α 粒子碰到金箔後是會穿透？還是彈開？結果多數粒子都直接穿過金箔，顯示原子內的內部空間多半沒有物質。彈開的粒子是有一些沒錯，但偏斜角度超過 90° 的粒子極少。

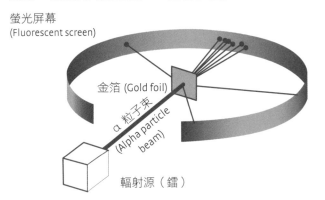

螢光屏幕
(Fluorescent screen)

金箔 (Gold foil)

α 粒子束
(Alpha particle beam)

輻射源（鐳）

## 實驗結果

拉塞福的實驗顯示原子核體積小、密度大，且周遭圍繞帶負電荷的電子雲。
此實驗與**湯姆森模型**（Thomson Model）相牴觸：

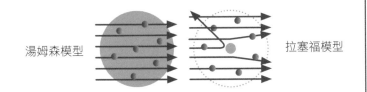

湯姆森模型　　　　　　　　　　　　　　拉塞福模型

## 結論

- 電子雲的平均直徑約為 $10^{-8}$ 公分。
- 原子核的平均直徑約為 $10^{-12}$ 公分。
- 原子核由**質子**（帶正電荷）和**中子**（電中性，也就是不帶電荷）所組成，整體而言帶正電荷。
- **原子序**：也就是質子數量，可用於判定原子為何種化學元素。
- **原子質量**：原子核內的質子與中子總數。

## 電子雲
## 還是電子軌道？

電子的位置與動量不可能同時確知，有時，我們可以想像電子繞帶正電的原子核旋轉，但有時，電子雲才是較為恰當的用詞，不過兩種譬喻都無法完全精確地描述電子真正的型態。

## 原子剖析圖

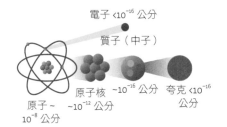

電子 <$10^{-16}$ 公分

質子（中子）

原子核 ~$10^{-16}$ 公分

夸克 <$10^{-16}$ 公分

原子 ~ ~$10^{-12}$ 公分
~$10^{-8}$ 公分

# 居禮夫人與放射線

瑪麗・居禮（Marie Curie，1867-1934，人稱居禮夫人）生於波蘭，後來搬到法國修習物理。
她與丈夫皮耶・居禮（Pierre Curie）共同發現放射線，因而獲得 1903 年的諾貝爾獎，
是首位獲得此殊榮的女性，也是兩度贏得此獎項的第一人。

## 放射性粒子發射

放射性原子會發射各種粒子（particles），從中釋放「游離能」。

- α 粒子：氦原子核，含兩個質子與兩個中子。
- β 粒子：電子。
- γ 粒子：高能光子。

## 同位素（Isotopes）

同位素是質子數相同，但中子數不同的化學元素，也就是原子序相同，但原子質量不同（詳情請參閱 p.85 的「週期表」及 p.86 的「碳定年法」）。

## 遷變

放射性原子和同位素並不穩定，所以會發射粒子並遷變成不同原子，達到平衡後才會停止。

$$\,^{235}_{92}U \xrightarrow[\alpha\ 粒子]{衰變時發射} \,^{4}_{2}\alpha + \,^{231}_{90}Th$$

$$\,^{14}_{6}C \xrightarrow[\beta\ 粒子]{衰變時發射} \,^{0}_{-1}\beta + \,^{14}_{7}N$$

$$\,^{235}_{92}U \xrightarrow[\gamma\ 粒子]{衰變時發射} \gamma + \,^{235}_{92}U$$

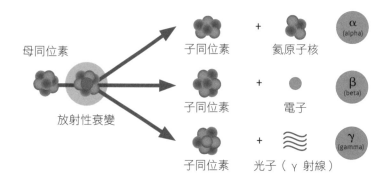

母同位素　放射性衰變

子同位素　＋　氦原子核　α (alpha)

子同位素　＋　電子　β (beta)

子同位素　＋　光子（γ 射線）　γ (gamma)

## 放射性半衰期

放射性衰變是以指數型態隨機發生。所謂半衰期，是放射性同位素的半數原子核皆發生衰變所需的時間，而衰變率是放射性同位素遷變成穩定原子核的速率。

放射性原子發射的粒子遇到不同材質時，穿透與被吸收的程度也不盡相同。放射線之所以危險，是因為當中的粒子帶有能量，一旦穿透細胞，就會破壞 DNA。居禮夫人在研究時，並未意識到放射線有多危險。

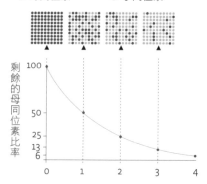

● 母同位素　　● 子同位素

剩餘的母同位素比率

α 粒子

β 粒子

γ 粒子

中子

紙　　水　　混凝土

# 光電效應

實驗顯示，光波遇上連接電路的金屬板時，會使電子彈出；電子若飛越無障礙的空間
並落在另一塊金屬板上，則可以使電路完整。

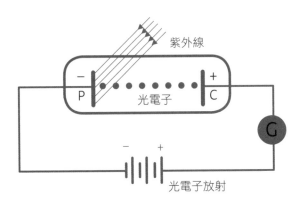

## 光電效應現象的原理

1. 光波必須具備最低頻率，撞擊後提供的能量才足夠電子脫離表面。光波的頻率若低於臨界值，就無法激發電子。
2. 撞擊表面的光波強度如何，並不會影響電子的能量。
3. 光觸碰到表面後，電子就會立即放射。

### 愛因斯坦的答案：光的粒子性質

在 1905 年，愛因斯坦發表了兩篇論文，一篇與相對論有關，另一篇則是以普朗克常數（h）來解釋光電效應。愛因斯坦的理論可預測下列現象：光波的頻率越高，激發出的電子所含的最大能量就越強，二者呈線性關係。

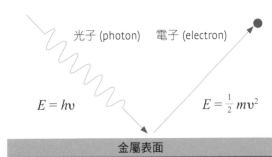

### E = mc²

愛因斯坦在他 1905 年的論文中，發表並解釋了 $E = mc^2$。這個質能等價方程式是史上最有名的方程式之一。

能量等於質量乘以光速平方

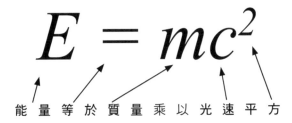

## 全新領域

光電效應的發現開啟了量子力學的研究。在量子力學領域中，光波是否會激發光電子是取決於光的頻率，而不是強度。

# 廣義與狹義相對論

愛因斯坦透過狹義與廣義相對論解釋了時間與空間的關係：
物體的質量越大，引力造成的時空扭曲就越強。

## 參考坐標系

- 物體運動時，可視為和參考坐標系進行相對運動。
- 物理定律在所有參考坐標系中都相同。
- 光速在所有參考坐標系中都相同，即使光源移動，也不受影響。

## 狹義相對論

狹義相對論僅適用於不具加速度的參考坐標系。

## 廣義相對論

根據廣義相對論，重力是起源於質量極大的巨型物體所造成的時空扭曲。物體的質量越大，時空扭曲的程度就越強。

## 相對論質量

物體的速度越快，動量也就越大。速度接近光速時，能量與動量會以漸近型態增加。

### 相對論質量增加公式

$$m(v) = \sqrt{1 - \frac{v^2}{c^2}}\, m_0$$

## 重力透鏡效應

科學家亞瑟‧愛丁頓（Arthur Eddington，1882-1944）在日蝕期間實驗後，發現遙遠星體的光會因太陽質量而扭曲。光本身不具質量，且以直線行進，但受到時空扭曲的效應影響後則會偏折，這就是所謂的重力透鏡效應。

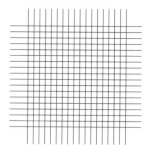

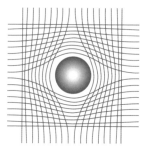

## 長度收縮（勞侖茲收縮，Lorentz Contraction）

物體移動時的長度測量值會比靜止時短，且移動速率越接近光速 c，長度就會越短。

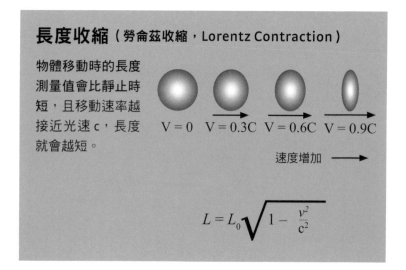

V = 0　V = 0.3C　V = 0.6C　V = 0.9C

速度增加 ⟶

$$L = L_0 \sqrt{1 - \frac{v^2}{c^2}}$$

## 時間膨脹

光在運動速率為 s 的參考坐標系中行進時，速率並非 c + s。光速在所有參考坐標系中都相同，所以會造成時間膨脹效應（詳情請參閱 p.76 的「時間膨脹」與 p.158 的「GPS」）。

$$T_0 = \sqrt{1 - \frac{v^2}{c^2}}\, T$$

# 薛丁格的波動方程式

奧地利量子物理學家埃爾溫・薛丁格（Erwin Schrödinger，1887-1961）發展出名為「波函數」（wave function）的方程式，可用於計算粒子的所在位置機率。

## 波粒二象性

所有次原子粒子都具有波粒二象性。

## 量子力學的哥本哈根詮釋

在 1925 到 1927 年間，**波爾和維爾納・海森堡**（Werner Heisenberg）對量子力學（quantum mechanics）提出了如下詮釋：
- 粒子的性質取決於實際量測結果。
- 科學家僅能透過機率分布來預測粒子性質。
- 測量行為會影響量子系統。

## 疊加

粒子是由波動疊加（結合）而成，具有波粒二象性，可能因測量方式的不同而分散於空間各處，或僅集中於一點。

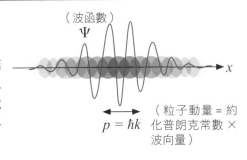

（波函數）$\Psi$

$$p = \hbar k$$

（粒子動量 = 約化普朗克常數 × 波向量）

## 波函數

波函數可用於計算粒子出現在特定位置的機率，預測的是量子物體的**本徵態** *，而非確切位置。

*本徵態：在計算出「特徵值」並取得確切位置前，波函數皆處於疊加態。

### 徑向機率

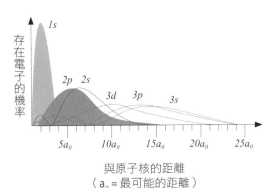

存在電子的機率

$1s$
$2p$ $2s$
$3d$ $3p$ $3s$

$5a_0$ $10a_0$ $15a_0$ $20a_0$ $25a_0$

與原子核的距離
（$a_0$ = 最可能的距離）

徑向機率：原子核周遭的特定區域內存在電子的機率

## 薛丁格的貓

在 1935 年，薛丁格為驗證**量子力學的哥本哈根詮釋**，進行了下述假想實驗。

- 將裝有毒物的燒瓶、放射源和偵測裝置放入密封的箱子裡。裝置一旦偵測到放射現象，就會觸發毒物釋放機制，殺死箱內的所有生物。

- 將一隻貓放入箱內。有鑑於放射性粒子的**量子疊加**（粒子具量子性質，因而可疊加並同時存在不同位置），放射物質可能會，但也可能不會觸發導致毒物釋放的連鎖反應。

- 一旦進行**觀察**（打開箱子），**波函數**就會塌縮，至於貓則不是毒死，就是存活。

- 貓不可能處於疊加態的事實，突顯出量子力學和古**典力學**的差異，這就是薛丁格實驗的重點。

# 不確定原理

根據海森堡不確定原理（Heisenberg Uncertainty Principle），
粒子的確切位置和動量（亦即速率）不可能同時測量。

---

下列數學式描述同時測量位置與動量時的限制，可用於解釋海森堡不確定原理：

$$\Delta x \cdot \Delta p \sim \hbar$$

Δx 和 Δp 的乘積與 ħ 成正比

此原理亦可描述時間與能量的測量限制：

$$\Delta E \cdot \Delta t \sim \hbar$$

ΔE 和 Δt 的乘積與 ħ 成正比

- $\hbar$：約化**普朗克常數**（普朗克常數除以 $2\pi$）
- $\Delta x$：**粒子位置**的不確定性
- $\Delta p$：**動量**的不確定性
- $\Delta E$：**物體能量**的不確定性
- $\Delta t$：**時間測量**的不確定性

## 量子詮釋

我們對量子力學的理解，並不等於量子力學的實際機制。理查‧費曼（Richard Feynman）曾說：「量子力學中可能發生的現象都會發生」，意思是空間中的所有路徑都可能是量子軌道。在古典物理學中，科學家從來不需質疑「路徑」和「力」的意義，但在量子力學中，則恰好相反。

量子力學有多種詮釋，以下列出六種。有些詮釋是以波函數塌縮為基礎，有些則不然。以波函數塌縮為必要條件的詮釋如下：

- **哥本哈根詮釋**（Copenhagen interpretation）
- **交易詮釋**（Transactional interpretation，簡稱 TIQM）
- **馮紐曼詮釋**（Von Neumann interpretation）

將波函數塌陷排除於考慮範圍或視為選用近似的詮釋包括：

- **德布羅意 - 玻姆理論**（Brogile-Bohm interpretation）
- **多世界詮釋**（Many-worlds interpretation）
- **系綜詮釋**（Ensemble interpretation）

## 我們真的了解量子力學嗎？

量子力學的數學原理「並沒有」描述上列的任何詮釋，僅指出量子系統是以疊加狀態存在。這些詮釋目前都尚未獲得證明，而且在某些情況下也不可能證明。

# 恩里科・費米與 β 衰變

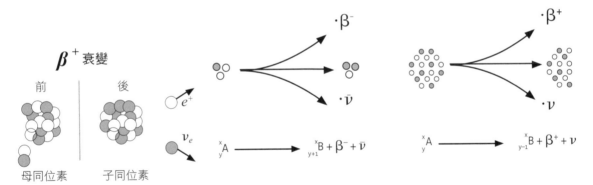

恩里科・費米（Enrico Fermi，1901-1954）是義大利物理學家，對量子理論有所貢獻，
也發展出核反應器，並因發現引發放射反應的方式，於 1938 年獲頒諾貝爾物理學獎。

費米在 1934 年發展出 β 衰變理論，當中涵蓋沃夫岡・包立（Wolfgang Pauli）對微中子的概念。一開始，科學家認為微中子無質量也不帶電荷，但我們現在已知當中其實含有質量。放射性物質衰變時，放射性同位素會發射粒子與能量，藉此達到穩定狀態。發射出的粒子種類可能不同，包括 α 粒子（兩個質子與兩個中子）、β 粒子（電子或正子）加上微中子、僅微中子，或 γ 粒子。

## β 衰變

β 衰變（beta decay）發生時，原子核內的中子會產生衰變，成為一個質子及一個電子，不過 β 衰變也可能釋出正子（反電子）和電子微中子。

「A」原子在 β 負衰變後釋放出一個電子（$\beta^-$）、一個電子微中子，和新的同位素「B」。

「A」原子在 β 正衰變後釋放出一個正子（$\beta^+$）、一個電子微中子，和新的同位素「B」。

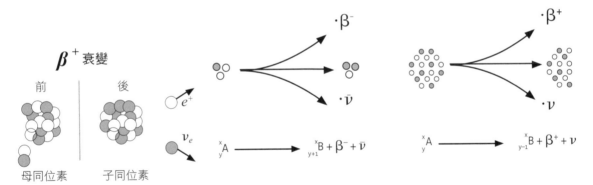

$\beta^+$ 衰變

前　　　後

母同位素　　子同位素

$$^x_y A \longrightarrow\ ^x_{y+1}B + \beta^- + \bar\nu$$

$$^x_y A \longrightarrow\ ^x_{y-1}B + \beta^+ + \nu$$

## 宇宙射線

質子這類的帶電粒子從使太陽和星星發光的核反應中釋放後，會透過真空朝地球前進，靠近時則會因地球磁場而偏斜，並撞上大氣中的原子，因而朝各個方向噴射——宇宙射線就是粒子持續射穿大氣層所造成的自然現象。了解 β 衰變後，科學家對於微中子和粒子交互作用的認識也因而加深。

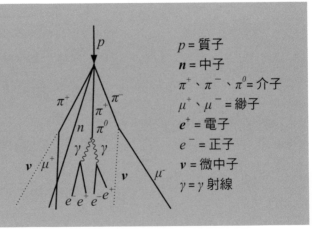

$p$ = 質子
$n$ = 中子
$\pi^+$、$\pi^-$、$\pi^0$ = 介子
$\mu^+$、$\mu^-$ = 緲子
$e^+$ = 電子
$e^-$ = 正子
$\nu$ = 微中子
$\gamma$ = γ 射線

# 電子狀態與量子數

量子自旋與陀螺的轉動完全不同。
「自旋」（spin）是粒子固有的角動量，會使粒子產生磁性。

---

- 自旋的粒子就像具有南北極的微小磁鐵。
- 磁矩是磁場的大小與方向。

## 磁矩

帶電粒子只要移動，就會產生磁場，這樣的現象是電磁感應效應的一部分。粒子在自旋過程中，會產生磁矩，不過在量子物體最適合以波函數描述的前提下，這樣的效應顯得相當奇怪；事實上，自旋的概念是起源於描述量子物體實際行為的數學方法。

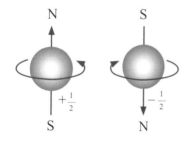

## 左手性與右手性

粒子可以朝順時鐘（左）或逆時鐘（右）方向自旋。

右手性自旋

左手性自旋

粒子在自旋時也有向上和向下兩種不同取向。

右手性
自旋粒子上旋

左手性
自旋粒子上旋

右手性
自旋粒子下旋

左手性
自旋粒子下旋

## 量子數

量子數描述的是粒子取向，舉例來說，電子的取向是依軌域描述。

- 費米子的自旋為半整數（$+\frac{1}{2}$、$-\frac{1}{2}$）。
- 玻色子的自旋為整數（1、−1），且遵循鮑立不相容原則（Pauli exclusion principle）。

---

## 自旋與電子軌道

根據波函數，原子核周圍的電子是依特定的 3D 形狀排列，且排列方式會因為與原子核和其他電子的距離改變而受到影響；此外，電子會依照遞建原理（Aufbau principle），依序填滿原子核周圍各能量等級的軌域，而自旋分別為 $+\frac{1}{2}$ 和 $-\frac{1}{2}$ 的電子會相互配對。

### 電子組態

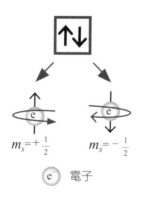

$m_s = +\frac{1}{2}$　$m_s = -\frac{1}{2}$

e⁻　電子

### 氮、氧、氟與氖的電子組態

N　$1s^2\,2s^2\,2p^3$

O　$1s^2\,2s^2\,2p^4$

F　$1s^2\,2s^2\,2p^5$

Ne　$1s^2\,2s^2\,2p^6$

# 狄拉克與反物質

反物質的存在是由英國科學家保羅‧狄拉克（Paul Dirac）所預測。他於1928年推導出波動方程式（狄拉克方程式，Dirac equation），用於描述自旋為 $-\frac{1}{2}$ 的大質量粒子（靜止時質量並非為零的粒子）。

狄拉克方程式是史上第一個在量子力學和相對論架構中成立的方程式。狄拉克正確預測出微中子的存在，也於 1933 年獲得諾貝爾獎。

$$(i\partial\!\!\!/-m)\ \psi=0$$

狄拉克方程式是成功預測反物質存在的「相對論波動方程式」。

## 狄拉克方程式

方程式 $x^2 = 4$ 有**兩個可能的解**（$x = 2$ 或 $x = -2$），這個性質對狄拉克的發現而言相當重要，因為他的方程式描述的就是一個解為正數、一個解為負數的**電子能量**。在他看來，其中一個解的負號代表的必定是反粒子。

· 電子的反粒子為**反電子**，也就是正子。
· 正子所帶的**電荷**為 +1e，與電子相反。
· 電子和正子的電荷都是自然常數，符號為字母 e，而 + 和 − 則代表電荷正負。
· 正子的**自旋**為 1/2，與電子相同。
· 正子的**質量**也與電子相同。
· 光子就是自己本身的反粒子。

## 物質 - 反物質對滅

正子與電子如果相撞，會對滅成 $\gamma$ 射線。

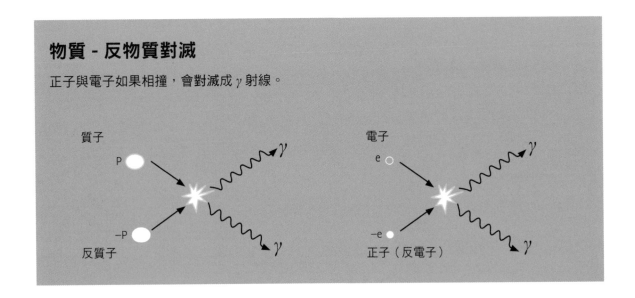

57

# 費曼圖

美國物理學家費曼（Richard Feynman，1918-1988）曾說「所有物質都是交互作用的結果」（All matter is interaction），也發明出以圖像式符號來呈現粒子交互作用的方法。

## 費曼圖的規則

費曼曾說：「只要物理定律允許，所有可能發生的現象都會發生。」（Anything that can happen will happen, if permitted by the laws of physics.）**費曼圖**（Feynman diagram）中的每個符號都代表移動中的粒子。

· 縱軸是粒子的空間位置。
· 橫軸是時間。
· 直線代表費米子、電子、夸克和微中子。
· 彎曲的線代表帶力的玻色子：光子及 W、Z 玻色子。
· 繞圈的線通常是膠子。
· 虛線通常是希格斯玻色子，但也可能代表虛粒子互換。
· 線的交會處稱為頂點，而每個頂點處的粒子交互作用都受守恆定律規範。
· 每個頂點處的電荷、重子數及輕子數都必須守恆。
· 箭頭代表的是粒子或反粒子，而不是方向。

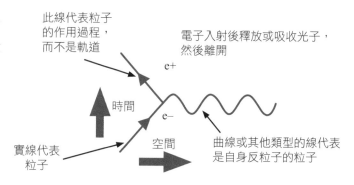

此線代表粒子的作用過程，而不是軌道

電子入射後釋放或吸收光子，然後離開

時間

實線代表粒子

空間

曲線或其他類型的線代表是自身反粒子的粒子

### 粒子與圖例

| | |
|---|---|
| 入射的費米子 | $\alpha$ ——→ |
| 入射的反費米子 | $\alpha$ ——← |
| 射出的費米子 | ——→ $\alpha$ |
| 射出的反費米子 | ——← $\alpha$ |
| 入射的光子 | 〜〜〜 |
| 射出的光子 | 〜〜〜 |
| 費米子 | ——— |
| 光子、W 與 Z 玻色子 | 〜〜〜 |
| 通常為膠子 | ⟜⟜⟜ |
| 通常為希格斯玻色子 | - - - - - |

## 玻色子（boson）與費米子（fermion）的交互作用

有些粒子間會產生交互作用，有些則不會，所以費曼圖才有一定的使用規則。右側各圖呈現的是粒子間可能發生的電磁及強／弱交互作用（詳情請參閱 p.60 的「標準模型」一節）。

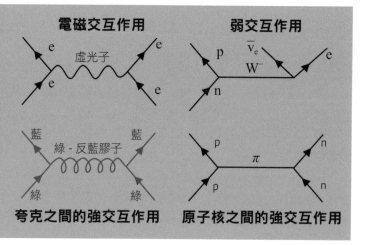

電磁交互作用

虛光子

弱交互作用

$\bar{v}_e$
$W^-$

夸克之間的強交互作用

藍

綠 - 反藍膠子

藍

綠

綠

原子核之間的強交互作用

$\pi$

# 曼哈頓計畫

許多科學發現都有利於世界進步，但令人遺憾的是，科技卻經常始於人類充滿破壞性的一面。

## 二次世界大戰與曼哈頓計畫

· 利奧·西拉德（Leo Szilard）和恩里科·費米於 1933-1934 年發展出控制核反應的方式。在二戰期間，納粹和美國都投入原子武器的研發。

· 西拉德曾致信羅斯福總統，說明原子彈威力強大，如果讓希特勒搶先製作成功，後果會不堪設想，而這封信也獲得愛因斯坦的背書。

· 美國列為最高機密的曼哈頓計畫（Manhattan Project）開始於 1939 年，共有 13 多萬人參與，當中不乏全球的頂尖科學家。

· 負責測試的洛斯阿拉莫斯實驗室（Los Alamos lab）是由羅伯特·歐本海默（J. Robert Oppenheimer）帶領。

· 在 1945 年 7 月 4 日，邱吉爾與英國政府正式表態支持對日本使用核武。

· 愛因斯坦致信新上任的杜魯門總統，拜託他不要使用核彈，但杜魯門並沒有閱讀那封信。

· 杜魯門於 1945 年 8 月 6 日與 9 日分別下令在日本的長崎與廣島引爆原子彈，導致 25 萬人瞬間喪命。

66,000 英呎

33,000 英呎

廣島 1945　長崎 1945　珠穆朗瑪峰　B83 核彈　喝采城堡核彈測試（Castle Bravo）1954　沙皇炸彈（Tsar Bomba）1961

## 對人類的傷害

· 於 1940 至 1980 年代負責採集鈾礦的原住民納瓦荷族（族人自稱「Diné」）面臨高罹癌率，但美國政府直到 1990 年才通過《輻射暴露賠償法》（Radiation Exposure Compensation Act）。

· 世界各強持續發展核武，並於海裡進行試驗，對太平洋生物群落與生態系統造成永久性破壞。

· 全面禁止核試驗條約（Comprehensive Nuclear Test Ban Treaty，縮寫為 CTBT）由 184 個國家於 1996 年簽署，當中有 164 個國家批准。

## 遺留後世的影響

· 在 2018 年，全球共有 3,750 枚未爆核彈頭，以及 14,485 件核子武器。

· 全球 90% 的核武皆為美國和俄羅斯所有。

# 標準模型

標準模型（Standard model）可呈現人類目前對於基本粒子的了解（或稱基礎粒子，是物質世界的組成元素），帶領我們深度探索物質。

---

## 基本粒子：不含次原子粒子

- 由次原子粒子組成的粒子稱為強子；質子和中子都是由夸克透過膠子結合而成，所以不算基本粒子，而是強子。
- 電子內不含任何更小的粒子，所以是基本粒子。
- 電子為費米子。
- 基本粒子可分為兩個種類：玻色子和費米子。

## 費米子

費米子的自旋為 ½，如電子就是一例。費米子可分為輕子和夸克，另外也可分成三個「世代」：電子、緲子和 τ 世代。

## 輕子

輕子（leptons）不參與「強交互作用」，因此不會加入膠子互換：

- 帶電輕子的電荷是電子的 $+\frac{2}{3}$。
- 微中子不帶電，且質量很小。

## 基本粒子的標準模型

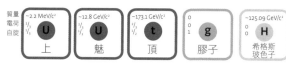

三代物質（費米子）　　交互作用／帶力粒子（玻色子）

## 夸克

- 夸克（quarks）結合後會形成強子（hadrons），也就是質子和中子。
- 上夸克（包括上、魅和頂）的電荷為 $+\frac{2}{3}$。
- 下夸克（包括下、奇和底）的電荷為 $-\frac{1}{3}$。

## 玻色子

- 玻色子負責攜帶基本自然力，如光子就帶有電磁力。
- 規範玻色子會在粒子交互作用時進行力的「互換」，自旋為 1（關於自旋的詳情，請參閱 p.58 的「電子狀態與量子數」一節）。
- 電磁效應是源自光子互換。
- 強核力源自膠子互換，是凝聚原子核的力量。
- 弱核力源自 W 玻色子和 Z 玻色子互換，可引發核融合作用。

# 吳氏實驗

吳健雄（1912-1997）因設計吳氏實驗（Wu experiment）而聞名。
此實驗的結果顯示，粒子物理學中的弱交互作用和宇稱守恆定律相互抵觸。

吳健雄是中國核子物理學家，生於江蘇省的小鎮，於 1936 年搬
到美國，卻不幸在工作上遭受種族與性別歧視。她參與了曼哈頓
計畫，負責研究 β 衰變。

## 弱交互作用

根據中國物理學家李政道和楊振寧的理論，在弱交互作用中，宇
稱並不守恆。他們於 1956 年與吳健雄合作，進行了她著名的吳
氏實驗，發現弱核力會挑戰一般認定的「對稱」概念。這項研究
讓兩人獲得 1957 年的諾貝爾獎，吳健雄雖透過實驗徹底改變了
人類對於粒子物理學的理解，卻沒能共同獲獎，讓許多人認為十
分不公平。

## 宇稱

· 宇稱對稱（Parity symmetry，簡稱 P 對稱）：宇稱變換（Parity
  transformation）涉及空間性自旋方向的改變。
· 如果 P 對稱守恆，那麼無論粒子朝哪個方向自旋，觀察到的結
  果應該都會相同，而反向自旋的鏡像粒子也一樣。換句話說，
  粒子自衰變過程中發射後，自旋方向應與核自旋相同。

### 吳氏實驗

吳健雄利用強磁場使
鈷 -60 原子（Co60）的
自旋定向，觀測衰變過
程。她發現：

· 衰變中粒子自旋的方
  向會依鈷 -60 原子的
  自旋方向而定。
· 弱核力只會對左手性
  物質粒子和右手性反
  物質粒子產生作用。
· 弱核力對左手性物質
  粒子和右手性反物質
  粒子產生的作用不
  同。
· 弱交互作用中的自旋
  （宇稱）不守恆，因
  此違背 P 對稱。

**假設宇稱守恆**          **實驗結果**

電子

鈷原子

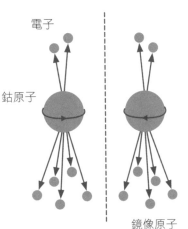

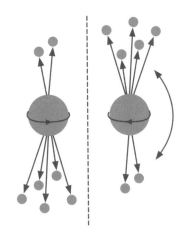

鏡像原子

61

# 微中子振盪

微中子是輕子，也是基本粒子，質量很小，但並非完全沒有，只是確切質量目前還未確定。
微中子只會透過弱核力進行交互作用。

## 鬼粒子

微中子（neutrinos）可**直接穿透地球與其他行星**，不會與質量、**電磁效應**或重力發生交互作用，事實上，**每秒都有幾十億個微中子穿透地球與我們的身體**。微中子穿透一英哩長的鉛，就像光在空氣中行進一樣簡單，所以非常難以偵測。

## 偵測微中子

微中子有時會在弱交互作用中與氯原子相撞，進行 **W⁺ 玻色子**與下夸克的互換，因而成為質子，氯則變成氬。微中子撞擊鍺和鎵時也會發生此效應。

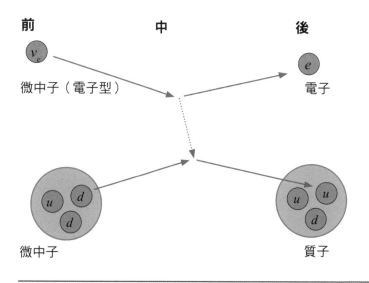

前　　　　　　中　　　　　　　後

微中子（電子型）　　　　　　　　　電子

微中子　　　　　　　　　　　　　質子

## 超新星（SN）1987A

在 1987 年，三個微中子觀測天文台都偵測到微中子放射。這些微中子是因**超新星爆發**而釋出，並在 68,000 年後抵達地球。

## 微中子振盪

微中子分為三種：**電子型**、**緲子型**和 **τ 型**。微中子在宇宙間行進時，可能會振盪成不同類型。

| | 電子型 | 緲子型 | τ 型 |
|---|---|---|---|
| 微中子 | $\nu_e$ | $\nu_\mu$ | $\nu_\tau$ |

## 契忍可夫輻射

在**真空**中，沒有任何物質能比光快，但換到水裡，微中子的速度就快過光子了。微中子撞上水分子後，會產生藍色輝光，稱為**契忍可夫輻射**（Cherenkov radiation）。日本 J-PARC 微中子觀測站和**加拿大薩德伯里微中子觀測站**（Sudbury Neutrino Observatory，縮寫為 **SNO**）的科學家都曾使用大量的**超高純度重水**（氫的同位素氘和一個中子形成的水）來製造此現象。

契忍可夫震波

在偵測器介質中速度比光快的電子

契忍可夫震波

微中子偵測器中產生的電子可能會造成藍色輝光爆發，這樣的現象稱為契忍可夫輻射。

# 希格斯玻色子

希格斯玻色子使物質具有質量。
質量是一種內在性質，粒子與希格斯場互動得越頻繁，質量就越大。

## 力場與玻色子

- 自然界的四種基本力為**電磁力**（electromagnetism）、**重力**（gravity）、**強核力**和**弱核力**。
- 根據量子力學，力的強度受粒子分布的影響：粒子分布的密度越高，力就越強。
- **場 = 玻色子交換的總體效應。**
- 在 1960 年代，科學家證明**電磁力**與**弱核力**相關，並可共同產生**電弱交互作用**；至於兩種不同的力之間為什麼會存在關聯，則可透過希格斯玻色子來解釋。

## 希格斯玻色子

一如光子是由**電磁場**所**激發**，希格斯玻色子是**產生於希格斯場的振動**。

## 希格斯衰變偵測

- 希格斯玻色子可能衰變成 W 及 Z 玻色子、γ 射線光子和夸克（費米子）。這些衰變模式都能證明希格斯粒子的存在。
- 電子型夸克、緲子型夸克和 τ 型夸克與希格斯場交互作用的方式略有不同。

## 質量

質量代表物體抗拒運動的能力。

## 希格斯場

希格斯場存在於整個宇宙，粒子與之互動得越頻繁，質量就越大，對運動的抗拒力也就越強。光子沒有質量，不會與希格斯場交互作用，因此會以最快的速度行進。

彼得・希格斯（Peter Higgs，1929-）和弗朗索瓦・恩格勒（François Englert，1932-）最早於 1960 年代提出希格斯玻色子的相關研究，但一直到 2013 年才獲得諾貝爾獎。希格斯玻色子 於 2012 年由 CERN 的 CMS 偵測器所發現，這項研究集結了約 5,000 名物理學家、工程師、技師、管理專家、學生和其他相關人員的積極參與；至於對此發現同樣甚有貢獻的 ATLAS 實驗，也有全球 38 國 174 個機構，約 3,000 多位科學家投入。

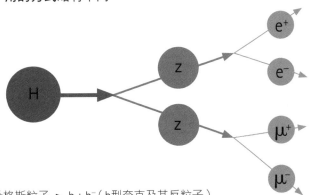

希格斯粒子 ➤ b + b⁻（b型夸克及其反粒子）
希格斯粒子 ➤ τ⁺ + τ⁻（τ型夸克及其反粒子）
希格斯粒子 ➤ γ + γ（兩個光子，也稱為γ粒子）
希格斯粒子 ➤ W⁺ + W⁻（W玻色子及其反粒子）
希格斯粒子 ➤ Z⁰ + Z⁰（兩個Z玻色子）

# 核分裂反應器

核分裂（原子分裂）發生於自然放射性衰變或人為連鎖反應；弱核力是驅動放射性衰變的原因。

## 弱核力

弱核力存在夸克與輕子之間（電子與微中子），涉及 W 與 Z 玻色子的互換。

- 弱核力會改變粒子性質，使質子變成中子。
- W 玻色子可帶正電或負電，Z 玻色子則不帶電；兩種玻色子都相當大。
- 弱核力是由 CERN 發現於 1983 年。

## 弱核力的作用

- 中子是由兩個下夸克和一個上夸克所組成：d + d + u。
- 質子是由兩個上夸克和一個下夸克所組成：u + u + d。

下方的費曼圖描繪的是：

**β 衰變**：中子（udd）放出 W⁻玻色子後衰變成**質子**（udu）、**電子**和**微中子**；在此**交互作用**中，W⁻玻色子帶走了**負電荷**。

**β⁺（正子）衰變**：質子（udu）衰變成**中子**（udd），而放出的 **W⁺** 玻色子則**創造**出正子與電微中子。

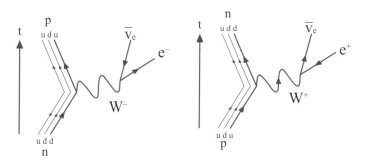

核分裂反應（nuclear fission）中有五種放射性衰變，會釋出帶有放射性能量的粒子，使元素遷變為其他種類：

- α 衰變
- β⁻ 衰變
- 正子發射（又稱 β 正子衰變）
- γ 衰變
- 電子捕獲

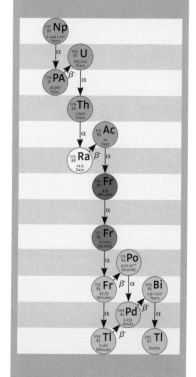

### 放射性同位素的遷變鏈

原子武器中含有放射性同位素鈾與鈽，鈾-235 吸收中子時，會分裂成兩個新的原子，釋出能量與三個新的中子。

- 鋼系元素
- 鹼金屬
- 鹼土金屬
- 類金屬
- 過渡後金屬

# 粒子加速器

在太空、星體與地球的平流層中，粒子都以非常快的速度不斷互相衝撞。這樣的現象可利用磁鐵和粒子束在高度真空的環境中複製，有助科學家了解當中的作用機制。粒子探測器有時又稱為加速器。

## 雲室

雲室（cloud chamber）最初由卡爾·安德森（Carl Anderson）與同事以探測正子（反電子）為目的，在 1932 年發明，是內含水或酒精蒸氣的密封容器。粒子在容器內移動時，會將電子撞離當中的物質分子，產生一道離子化的氣體粒子，外觀看起來就像長條狀的霧。雲室可用於觀察宇宙射線，在家即可自行製作。

## 粒子加速器（Particle Accelerator）的種類

### 單射柱加速器

· 迴旋加速器
· 直線加速器
· 同步加速器
· 固定靶加速器
· 高強度強子加速器（介子與中子來源）
· 電子與低強度強子加速器

### 雙射柱加速器

· 對撞機
· 電子－正子對撞機
· 強子對撞機
· 電子－質子對撞機
· 光源

抽出粒子

加速空腔

致偏磁鐵

真空管

注入粒子

## CERN

歐洲核子研究組織（European Organization for Nuclear Research，縮寫為 CERN）是目前**全世界最大的粒子研究機構**，重大發現與發明分別包括希格斯玻色子與網路。

**世界各地的粒子加速器**

粒子加速器是透過磁鐵和真空環境來製造電磁場，使粒子（電子）加速。全球共有超過三萬台運作中的粒子加速器，以下僅列出其中幾處：

· 印度的拉賈·拉曼拉先進科技中心（Raja Ramanna Center for Advanced Technology）

· 西班牙的同步加速器光源（ALBA）

· 法國的歐洲同步輻射裝置（ESRF）

· 阿根廷的巴利羅奇原子中心（LINAC）

· 新加坡的離子束應用中心（CIBA）

· 日本的高能量加速器研究組織（KEK）

· 英國的鑽石光源與 ISIS 中子及緲子裝置

· 中國的環形正負電子對撞機（CEPC），目前正在建造中

# 恆星、太陽與輻射作用

恆星的形成與演化是由量子力學和重力所規範。

## 恆星的形成

- 一開始為星雲。
- 正子（H⁺原子核）受重力吸引而聚集，但正電荷間則發生互斥現象。
- 上述的運動使動能增加。
- 正子的質量吸引更多 H⁺。
- 溫度上升至克氏 100,000,000K。
- H⁺ 以極大力道相互衝撞，致使強核力引發核融合。
- H⁺ 融合成氦，發射出正子、$\gamma$ 射線和微中子，這就是始於質子-質子連鎖反應的核分裂。

### 恆星的質子-質子循環

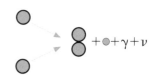

$+ \bullet + \gamma + \nu$

兩個質子碰撞後產生氦原子核、正子、$\gamma$ 射線和微中子。

## 恆星內的力

- 恆星會達到流體靜力平衡：內拉的重力 = 外推的核融合力。
- 恆星內會發生許多融合反應，產生原子量在鐵（Fe）以下的元素，至於比 Fe 重的原子則會分解。
- 所有 H⁺ 都用完後，流體靜力平衡會改變，恆星也會膨脹、冷卻，然後變成紅巨星。
- 紅巨星的表面溫度約為克氏 5,000K。

重力　核融合

## 主星序

- 一般恆星（如我們的太陽）都是處於穩定狀態或主星序的恆星。
- 經過紅巨星階段後，恆星會褪去數層星體物質，變成白矮星。
- 接著星體會冷卻，成為棕矮星。

## 大質量恆星

- 氫停止燃燒後，質量會崩塌。
- 質量會朝恆星中央塌陷，導致超新星爆發，產生的能量會強到足以產生比 Fe 更重的原子。
- 前述作用可能產生中子星。
- 如果是較重的恆星，質量會繼續塌陷，形成黑洞。

### 質子-質子連鎖反應

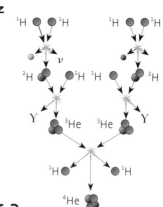

$\nu$ 微中子
$\gamma$ $\gamma$ 射線
● 質子
● 中子
● 正子

## 接下來？

- 較大的恆星會迅速燃燒氫氣。
- 較小的恆星則會以較慢的速度燃燒氫氣。

# 太陽系

太陽系是由恆星與繞其公轉的行星和其他物體所組成，某些氣體巨星會在極為靠近恆星的情況下高速公轉。同時存在兩個太陽的太陽系稱為雙星系統（binary systems）。

地球繞太陽公轉的速度為每小時 66,000 英哩，而太陽則以每秒超過 130 英哩的速度繞行銀河系中心，同時帶動整個太陽系。裡面的所有行星皆受太陽的**重力束縛**，也因為重力作用全都匯聚於**軌道面**，在此平面上**公轉**。

冥王星 Pluto
海王星 Neptune
地球 Earth
太陽 Sun
水星 Mercury
木星 Jupiter
金星 Venus
火星 Mars
土星 Saturn
天王星 Uranus

## 行星是什麼？

行星的定義素有爭議，但某些專家認為必須符合下列條件，才能稱為行星：

· 繞**恆星**或**恆星殘留物**公轉，且**質量**必須大到能因自身**重力**而呈**圓球體**。
· 未正在進行**熱核融合**。
· 可清除**軌道**上的**天體**。

## 太陽系中的天體

鄰近太陽的天體通常不大，成分為灰塵和岩石，至於較遠的天體則多半是冰和氣體，譬如古柏帶（Kupier Belt）就是由許多冰質矮行星組成的外環。

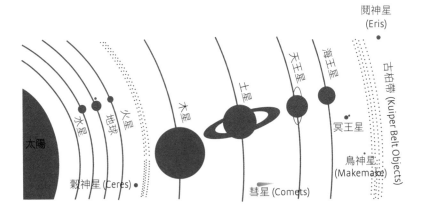

太陽
水星
地球
火星
木星
土星
天王星
海王星
鬩神星 (Eris)
古柏帶 (Kuiper Belt Objects)
冥王星
鳥神星 (Makemake)
穀神星 (Ceres)
彗星 (Comets)

## 太陽系的未來

根據熱力學第二定律，隨著**熵值**升高，可用的能量也會減少。大約 50 億年後，太陽就會耗盡**氫氣**，變成**紅巨星**，吞噬**內圈行星**，然後燃燒殆盡。

## 太陽系的形成

所有太陽系一開始都是**灰塵**，地球所處的太陽系是由恆星**爆炸**後留下的**星雲殘餘物**所形成（**鐵**等較重的元素僅能透過恆星內部的**核融合**產生）。

1. 星雲因重力作用塌陷。
2. 密度高的星雲會旋轉並逐漸變成扁平狀，而中央的溫度會升高。
3. 碎屑聚合後形成會旋轉的微行星。
4. 較大的微行星會擴展增大，重力增強後，吸引更多物質。
5. 較小的微行星會相互碰撞，變成行星。
6. 星雲中央開始發生核分裂，釋出能量後吹散灰塵，最後的產物就是太陽系。

# 太空觀測

電磁（Electromagnetic，簡稱 EM）光譜中只有極小的一部分為可見光，所以說，宇宙間的多數現象，人類其實都看不到。對於 X 射線、紫外線和微波等 EM 光譜中的不可見元素，天文物理學家是透過光子來進行探查與測量。

## 太空觀測的目標

- $\gamma$ 射線
- X 射線
- 紫外線
- 可見光
- 紅外線及毫米波
- 微波
- 無線電波
- 粒子偵測
- 重力波

超新星爆炸會產生 $\gamma$ 射線，另外，中子星、脈衝星和黑洞也都會釋放這種射線。$\gamma$ 射線會被大氣吸收，所以一般會透過高空氣球或太空任務來偵測。

哈伯太空望遠鏡（Hubble Space Telescope，簡稱 HST）發射於 1990 年，是以美國天文學家哈伯命名，當中帶有四個主要儀器，可用於偵測紫外線、可見光和近紅外輻射。

Astrosat 是印度的第一台多波段太空觀測望遠鏡，由印度太空研究組織（Indian Space Research Organization，

由中國科學院（Chinese Academy of Sciences，CAS）於 2015 年發射的暗物質粒子探測衛星（Dark Matter Particle Explorer，DAMPE），能偵測高能量 $\gamma$ 射線、電子及宇宙射線離子，藉此尋找暗物質。

ISRO）於 2015 年發射。

源自天文結構（如黑洞和星系中心）的 X 射線會被大氣吸收，因此只有在大氣層的極高處或太空中才能偵測得到。超新星、主星序恆星、雙星和中子星也會發出 X 射線。

NASA 於 1999 年發射錢卓拉 X 射線天文衛星（Chandra X-ray Observatory）。

除了太陽外，其他恆星與星系也會釋放紫外線（ultraviolet，UV）。科學家曾對 UV 進行詳盡觀察，藉此深入了解我們的太陽。

紅外線（infrared，IR）光子的能階比可見光低。許多 IR 射線來源（如棕矮星、恆星星雲和紅移星系）溫度都比地球低，或正離地球遠去。

微波探測望遠鏡可偵測宇宙微波背景輻射和銀河系（我們所在的星系）中的灰塵所釋放的能量。

## 哈伯太空望遠鏡

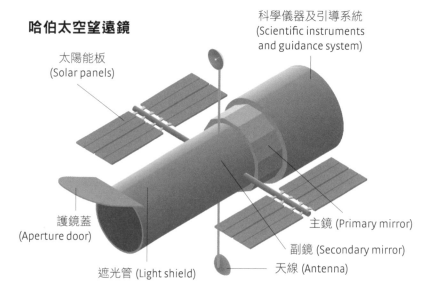

科學儀器及引導系統
(Scientific instruments and guidance system)

太陽能板
(Solar panels)

護鏡蓋
(Aperture door)

遮光管 (Light shield)

主鏡 (Primary mirror)

副鏡 (Secondary mirror)

天線 (Antenna)

# 星系

星系（galaxy）是由幾百萬，甚至數十億的恆星、分子雲和灰塵，因重力吸引而聚集成的系統。
根據觀察，大型星系中央存在於超大質量黑洞。

## 星系

星系相對於地球任意觀測點的**取向**並非永遠相同，有時我們僅能看見星系的部分架構。

### 星系分類系統

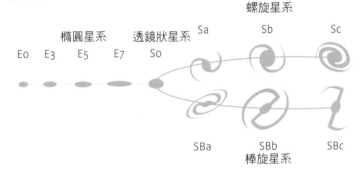

螺旋星系

橢圓星系　　透鏡狀星系　　Sa　　Sb　　Sc

Eo　E3　E5　E7　So

SBa　　SBb　　SBc
棒旋星系

### 螺旋星系

· 螺旋狀的平寬圓盤。
· 細長的螺旋臂可從上方或側邊觀察得到。
· 當中年輕和年老的恆星都有。
· 某些星系中央有大型凸起。
· 周遭環繞著氣體及老恆星的星暈及氣體。

### 橢圓星系

· 呈橢球狀（像壓扁的球）。
· 由小量的灰塵、氣體及許多年老恆星組成。

### 不規則星系

· 缺乏結構。
· 含有矮星、年輕恆星及團狀灰塵。
· 有些星系太小，引力不夠，因此無法形成結構。
· 其他不規則星系則是由完整星系在碰撞後形成。

## 哈伯序列
### （Hubble Sequence）

哈伯於 1926 年發明了星系結構分類法，請見下圖。

## 銀河系：地球所在的星系

· 已存在 136 億年。
· 圓盤狀的螺旋星系，有兩條主臂。
· 內含數千億顆恆星。
· 太陽與銀河系中心的距離為 26,000 光年。
· 直徑約為十萬光年，厚度則為數千光年。
· 中央為**棒狀結構**，含有許多年老的紅矮星。
· 中央處有超大質量黑洞。

## 星系的形成

· 星系一開始很小。
· 重力逐漸吸引物質。
· 重力作用會強過宇宙膨脹效應。
· 原子因受重力吸引而形成巨大分子雲。
· 物質因旋轉而呈扁平圓盤狀。
· 旋轉若中斷，橢圓星系就會成形。
· 大融合：質量相當的星系相撞。
· 小融合：一大一小的星系相撞。
· 同時也會產生絲狀體、超星系團、星團和星系團。

## 銀河系與仙女座星系的碰撞與融合

大約 40 億年後，地球所在的銀河系會與仙女座星系相撞。

# 宇宙之謎：多元宇宙、超對稱與弦理論

我們對宇宙的了解可說是冰山一角而已。

## 超對稱

超對稱（super symmetry）是科學理論的一種性質，意思是力與物質在理論的方程式中占同等地位，對於這個概念，**標準模型提供許多解釋，但目前仍不完整**。標準模型本身可能即具有超對稱性質。

**GUT：** Grand Unified Theory 的縮寫，意為「大一統場論」

**TOE：** Theory of Everything 的縮寫，意為「萬有理論」

### GUT 與 TOE 能量外展

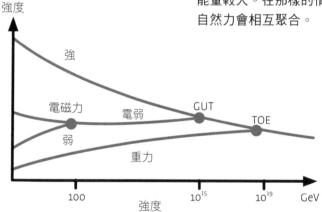

## 重力相關理論的修改

愛因斯坦的理論對於宇宙現象的解釋相當精準，但**宇宙膨脹與暗物質仍是個謎**，因此，有些天文學家認為**廣義相對論必須進行些微修改**。

## 自然力結合

- 自然力在能量極高的情況下聚合的現象。
- **希格斯玻色子的發現讓科學家知道，電磁力和弱磁力是電弱力的兩個面向**。
- **GUT 描述電弱力和強核力的可能結合方式**。
- 或許所有自然力都只是單一萬能力以不同的形式呈現而已。

## 量子重力論（Quantum Gravity）

目前，重力是**幾何空間理論**的一部分，至於重力在**量子維度**的作用機制則尚未納入標準模型。根據相關假說，**重力子是重力的攜帶媒介**，但目前還未有此物質存在的證明。

從前的宇宙比較熱，也就是能量較大。在那樣的情況下，自然力會相互聚合。

## 多元宇宙

根據量子力學的「多元世界」詮釋，波函數塌陷時，多重現實也會形成。

## 弦理論

旨在結合所有自然力，但目前還無法證明。根據這個理論，現實世界是由「振動」所組成，所以才譬喻式地取名為「弦」。

# 系外行星

系外行星是繞其他太陽系恆星公轉的行星。
科學家至今已發現數千顆繞行遙遠太陽的系外行星,且認為還有幾百萬顆存在。

就目前已發現的系外行星而言,某些和地球很像,有些則類似氣體巨星(如木星)。發現於 2004 年的系外行星巨蟹座 55e 溫度極高,表面為石墨,內部則有厚厚的一層鑽石!

## 如何尋找系外行星

### 凌日法

使用凌日法時,必須針對恆星發出的光測量週期變化。如果光度規律下降,就代表有大型系外行星繞恆星公轉。

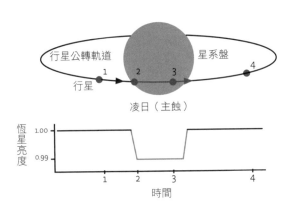

## 都卜勒光譜學搖轉
### (Doppler Spectroscopy Wobble)

多數恆星(重力系統)都有重力中心,但並非位於星體正中央。如果行星的質量與其繞行的恆星相比,具有相當分量,即會抵消重力中心,造成恆星搖轉,而我們可透過恆星光線的輕微都卜勒頻移,觀察到這樣的現象(關於都卜勒頻移的詳情,請參考 p. 34 的「聲音與聲學」一節。)

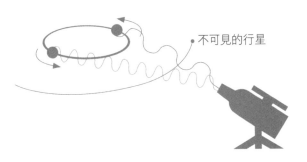

不可見的行星

### 直接成像

直接透過望遠鏡或攝影器材觀察系外行星。這種方法只能用來尋找距離相對較近的系外行星,也會因恆星眩光可能蓋過黯淡行星的光而受限。

### 微透鏡

微透鏡法是以廣義相對論為基礎,可用於尋找較小的系外行星。根據愛因斯坦的廣義相對論,物體會扭曲時空,使光子行進的路徑偏斜,而微透鏡法就是藉由測量時空扭曲所造成的偏斜,來估算遙遠恆星周遭的質量。

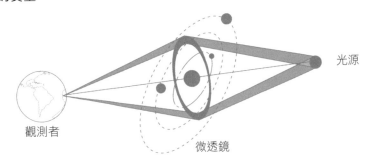

# 流星、小行星、彗星

在彗星、小行星和流星等太陽系小型天體中，都有能幫助我們了解早期宇宙的物質。

## 流星

流星是來自**外太空**的小型固態宇宙碎片，經常是由彗星所留下的。這些碎片進入地球等行星的大氣層後，會因**摩擦力堆積而白熱化**，形成我們所見的條狀亮光。

## 小行星

小行星是大小和形狀各不相同的**石質天體，繞太陽旋轉**。有些小行星位於火星和木星的軌道間，有些則以偏心率相當大的軌道（形狀非常似橢圓）在太陽系各處繞行。現今已知的小行星多半繞行於火星和木星間的**小行星帶**，但分散範圍極廣。科學家目前已確定，直徑大於 0.6 英哩的小行星共有 110 萬到 190 萬個，至於體積較小的還有幾百萬個。

## 古柏帶

**古柏帶**沿恆星（也就是我們的太陽）公轉，是所謂的「拱星盤」，位於太陽系外圍，範圍從**海王星**延伸到離太陽 **50 個天文單位**（AU，1AU = 9,300 萬英哩）遠處。古柏帶雖與火星和木星間的小行星帶相似，但寬度為 20 倍，內含的質量則為 20 到 200 倍。

## 彗星

彗星由冰與灰塵組成，是繞橢圓行進的天體，會在軌道靠近太陽時發熱，釋放出尾狀的氣體與塵埃粒子，而這條彗尾會朝太陽的反方向噴射。

## 大彗星

在 1557 年，還只是孩子的天文學家克卜勒曾看到大彗星。

## 哈雷彗星

哈雷彗星具**週期性**，每 75 年會返回地球，**軌道則呈偏心**（橢圓）形狀，如下圖所示。哈雷彗星下一次造訪地球，會是在 2061 年。

大彗星
(The Great Comet)

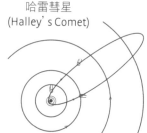

哈雷彗星
(Halley's Comet)

## 羅塞塔號任務

歐洲太空總署（European Space Agency，ESA）透過精彩的羅塞塔號任務（Rosetta mission），成功讓飛行器於 2014 年降落在 67P/ 楚留莫夫－格拉希門克彗星（67P/Churyumov Gerasimenko）。

此任務開始於 2004 年 3 月 2 日，當中包含一台叫做菲萊（Philae）的登陸器，是專為在彗星表面進行測量所設計。羅塞塔號與菲萊皆透過光譜儀來蒐集關於彗星性質的重要資料。

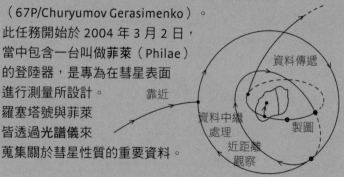

資料傳遞

靠近

資料中繼
處理

製圖

近距離
觀察

# 約瑟琳・貝爾・伯奈爾與脈衝星

脈衝星是由天文物理學家約瑟琳・貝爾・伯奈爾（Jocelyn Bell Burnell）所發現。

## 伯奈爾的無線望遠鏡陣列

伯奈爾於 1965 年開始在劍橋大學攻讀博士，並協助指導教授安東尼・休伊什（Antony Hewish）在劍橋附近的田野地區建置無線望遠鏡陣列，用於監控類星體。

## 類星體（Quasars）

類星體（類似恆星的天體）質量大，距離地球遙遠，兩極都會釋放出大量的射頻能量。

## 脈衝星

脈衝星（pulsars）是具高度磁性且會旋轉的中子星，轉速非常快，會規律釋放射頻波段中的電磁輻射脈衝，但唯有在位處地球觀測點的特定相對位置時，我們才觀察得到。

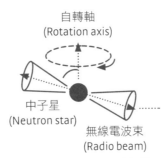

自轉軸
(Rotation axis)

中子星
(Neutron star)

無線電波束
(Radio beam)

## 脈衝星 PSR B1919+21 的資料

伯奈爾發現在她的資料中，每 1.337 秒都會出現不尋常的暴升，但休伊什不以為意，認定是那是「人為」誤差，不過伯奈爾很快就排除了這樣的可能性，並推測自己發現了新類型的天體。

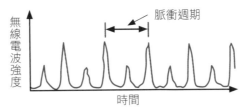

無線電波強度 / 時間 / 脈衝週期

## 諾貝爾獎爭議

休伊什與另一位男性科學家因為脈衝星的發現，而共同獲得了 1974 年的諾貝爾物理學獎，但伯奈爾的名字卻不在獲獎者之列。許多知名天文學家認為即使她是學生，也改變不了她比其他人優先觀察到脈衝星，並分析異常資料的事實，因此都站出來批評她遭到遺漏一事。

## 歡樂分隊
## 不為人知的快樂

設計師彼得・薩維爾（Peter Saville）將伯奈爾的資料圖形重複堆疊，讓英國樂團歡樂分隊（Joy Division）當做 1979 年《不為人知的快樂》（*Unknown Pleasure*）這張專輯的封面。

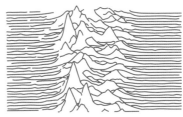

## 伯奈爾近年殊榮

· 2002-2004：英國皇家天文學會（Royal Astronomical Society）會長。
· 2008-2010：英國物理學會（Institute of Physics）會長。
· 2018：獲頒基礎物理學突破獎（Breakthrough Prize in Fundamental Physics），並將 £230 萬英鎊的獎金全數捐出，旨在幫助女性、少數族群和難民學生成為物理學家。

# 測量宇宙大小

天文學家是如何測量宇宙大小的呢？

## 天文單位

天文單位指的是地球與太陽的平均距離，天文學家用於測量極大的距離。一個天文單位等於 9,300 萬英哩。

## 視差

視差的起因是從不同位置觀看一近一遠的物體。

從位置 B 觀察樹看起來像在山的前面，如箭頭所示。

從位置 A 觀察樹看起來像在山的前面，如箭頭所示。

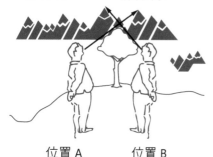

位置 A　　　位置 B

只要先記錄地球與恆星的相對位置，並在地球公轉了六個月（1 億 8,600 萬英哩）後，再從地球的另一面觀察，即可測出恆星與我們距離多遠。恆星如果距地球 3.26 光年，「視差角」會是 1/3,600°，但實際上，恆星的視差其實更小。

## 造父變星與標準燭光

造父變星（Cepheid variable）是帶有週期性脈衝的明亮恆星，比太陽還亮，可用於測量距離。

美國天文學家亨麗埃塔‧史旺‧勒維特（Henrietta Swan Leavitt，1868-1912）記錄了麥哲倫雲（繞銀河系旋轉的星雲）內的 25 顆造父變星。這些星體與地球間的距離差異不大，讓她得以觀察到下述關係：亮度越大，脈衝週期越長。有鑑於此發現，哈伯決定將造父變星用做標準燭光（亮度可預測的物體），藉此測量宇宙中的距離。

## 哈伯定律
（Hubble's law）

哈伯觀察漸離地球遠去的遙遠星系後，發現這種星系和地球的距離與其移動速率有關：離地球越遠，速度就越快。另外，他為計算宇宙膨脹率而算出的常數，現在稱為哈伯常數（Hubble constant）。

## 宇宙膨脹

從地球上或宇宙中的任何觀測點來看，都會發現宇宙正在膨脹，這是因為空間本身也在膨脹的緣故。

## 都卜勒頻移

遙遠行星的光子會發生都卜勒頻移。科學家測量都卜勒頻移後，發現下列要點：

・星體發出的光會朝較低的頻率頻移；「都卜勒紅移」則指涉遙遠行星和星系從地退行，且彼此間也越來越遠的現象。

・星系的距離越遠，頻移的幅度越大。

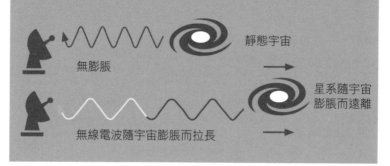

靜態宇宙

無膨脹

星系隨宇宙膨脹而遠離

無線電波隨宇宙膨脹而拉長

# 黑洞

黑洞的運作機制與帶有質量的任何物體都相同，不過一旦到了事件視界，情況可就不是如此了。
銀河系中央存在一個超大質量黑洞，某些天體可能繞行於黑洞周圍。

## 恆星演化

・恆星的核心如果不到太陽質量的 1.4 倍，就會變成白矮星。

・若倍數介於 1.4 和 2.8，則會坍塌成中子星，直徑僅 13 英哩。

・如果倍數高於 2.8，就會塌陷成黑洞了。

## 黑洞的形成

・核融合結束。

・恆星因重力而收縮，但在此階段仍會發光。

・質量塌陷後，重力會增大，導致時空嚴重扭曲，光也因此無法射出。

・光一旦進入事件視界後，即無法射出此界線。

・在黑洞的事件視界內，所有質量與光都會塌陷成不占體積的一個點。

・粒子會在黑洞的事件視界處進行交互作用。

## 史瓦西半徑

重力塌縮後，物體的質量會遭到壓縮，而壓縮後的半徑即為**史瓦西半徑**（Schwarzschild radius）。

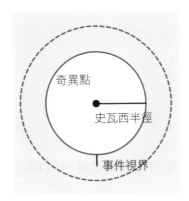

## 脫離速度

指脫離超大質量物體的重力吸引所需的速度。黑洞的脫離速度為光速。

## 觀察黑洞

天鵝座 X-1 是質量為太陽 23 倍的亮星。從地球上可觀察到這顆恆星繞黑洞的事件視界旋轉。

## 時空扭曲

具有質量的所有物體都會扭曲時空，黑洞的超大質量更會造成時空劇烈扭曲，使事件視界處的時間減慢。

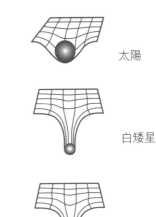

太陽

白矮星

中子星

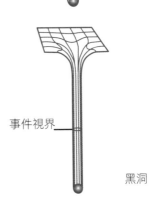

事件視界

黑洞

---

## 史蒂芬・霍金

英國宇宙學家史蒂芬・霍金（Stephen Hawking，1942-2018）結合了量子力學、相對論和熱力學，對於黑洞性質的描述極有貢獻。

# 時間膨脹

時間之所以會膨脹，是因為光速在所有參考坐標系中都一樣。
時間膨脹是可測量的現象，物體運動的速度越接近光速，時間就會走得越慢。

---

- 假設月球上有一艘太空船以每小時 100 英哩的速率行進，並在行進過程中發射速率為每小時 200 英哩的火箭，則對於坐在月球上的觀察者而言，火箭的速度會是兩個速率相加而成的每小時 300 英哩。

- 如果太空船接著發射出以光速 $c$ 行進的雷射光，各位可能會認為對同一個觀察者來說，雷射光的速度會變成每小時 $c + 100$ 英哩，不過事實並非如此：即使換了參考坐標系，**光永遠都是以光速行進**，速度不會改變。

假設某參考坐標系中有兩面平行的鏡子A與B：

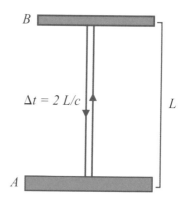

$$\Delta t = 2\,L/c$$

從靜態觀察者的角度來看，從 $A$ 出發的光束抵達 $B$ 後會反射，接著再返回 $A$，行進總距離為 2L，經過的時間則為 $\Delta a = 2L/c$。

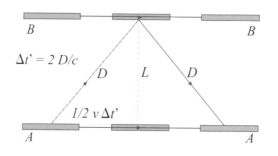

$$\Delta t' = 2\,D/c$$

但如果觀察者認為光由右向左移動，則光束從 $A$ 射出、抵達 $B$ 鏡，以及返回 $A$ 的時間分別會變成 $t \doteq 0$、$t \doteq D/c$ 和 $t \doteq 2D/c$（使用 $t$ 是為了與原始實驗中的時間區別）。在移動的參考坐標系中，光行進的距離較遠，但真空中的光速不會改變，所以會發生時間膨脹。速度越接近光速，時間就會走得越慢，換句話說，常數會影響周遭發生的現象。

時間膨脹

$$T_0 = \frac{T}{\sqrt{1 - \dfrac{v^2}{c^2}}}$$

長度收縮

$$L = \sqrt{1 - \frac{v^2}{c^2}}\; L_0$$

相對論質量增加

$$m(v) = \frac{m_0}{\sqrt{1 - \dfrac{v^2}{c^2}}}$$

$$t' = \frac{t}{\sqrt{1 - \dfrac{v^2}{c^2}}}$$

$t'=$ 改變後的時間
$t=$ 靜止坐標系中的時間
$v=$ 速度
$c=$ 光速

**愛因斯坦的時間膨脹公式**

## 孿生子弔詭

假設某對雙胞胎的其中一人搭上高速火箭，另一人留在地球。根據相對論對於時間與空間的規範，搭上火箭以近乎光速行進的那一位在返回地球後，會變得比留在地球上的手足**年輕**。

# 宇宙微波背景輻射

只要溫度在絕對零度以上，所有物體都會以熱能形式發出電磁波輻射。宇宙的溫度比絕對零度高約克氏 2.7K，所以會發射熱能，這就是所謂的宇宙微波背景（Cosmic Microwave Background，簡稱 CMB）輻射。

- 比利時天文學家喬治‧勒梅特（Georges Lemaître）曾於 1927 年提出相關研究，他認為早期的宇宙既熱密度又高，後來才隨著演化冷卻。
- 在 1964 年，科學家透過測量發現宇宙各處都充滿微波，而 CMB 就是宇宙大爆炸殘留下來的輻射。

## 宇宙背景探測者

宇宙背景探測者（Cosmic Background Explorer，COBE）發射於 1989 年，目的在於測量宇宙微波背景輻射。在 1992 年，研究單位表示 CMB 的溫度稍有起伏，這種微小變化顯示宇宙背景的質地粗糙，也證明量子波動（真空環境的虛粒子）存在。

## 威爾金森微波各向異性探測器

威爾金森微波各向異性探測器（Wilkinson Microwave Anisotropy Probe，WMAP）由 NASA 於 2001 年發射，用於測量 CMB 變化以及宇宙組成。根據研究結果，宇宙的成分如下：

- 5% 為原子
- 27% 為具有重力但不會發光的物質（暗物質）
- 68% 的成分正在將宇宙向外推（暗能量）

## 古老的光

從地球上觀察遙遠恆星與星系時，看到的光其實都非常古老，而且是在行進了極長的距離之後才抵達人類眼中。宇宙遠處「當下」正發生什麼事，我們不可能看見；光從這些遙遠區域傳到地球需要多久，我們就只能觀察到多久以前的情況。舉例來說，仙女座星系的光傳到地球時已有 2,500 萬年的歷史，而 CMB 早在 137 億年前就首次發出輻射——當時宇宙間根本還沒有任何恆星和星系呢。

## CMB 與電視

CMB 輻射是宇宙大爆炸的餘熱，而舊式電視則可偵測實際的 CMB 頻率；事實上，轉台時頻道間的雜訊就是起因於 CMB 輻射，一般稱為「靜態雜訊」。大氣中的干擾源也會造成靜態雜訊。

# 宇宙泡沫

由於超星系團（數十億個星系組成的超大結構）的重力透鏡作用，
天文學家得以在 2012 年透過哈伯和史匹哲太空望遠鏡觀測到名為 MACS0647-JD 的星系。

- 就目前已觀測到的星系而言，MACS0647-JD 離地球最遠，距離達 133 億光年。
- 此星系存在的時間甚短，體積也相當小，至於傳到地球的光歷史則很長。
- 該星系中的恆星已燒光燃料。
- 因為超大星系結構的重力透鏡作用，科學家才能觀察到星系團形成的類絲狀結構。

## 宇宙網

宇宙的大型結構，科學家認為是由暗物質組成。塵雲、粒子、超新星殘留物和恆星會形成絲狀物質，連結宇宙中的星系。這樣的結構稱為宇宙網，當中包含數十億個星系。

### 宇宙視界

- 從地球上可觀測到的宇宙最遠處。
- 人類無法抵達位於此邊界的遙遠行星和星系。
- 此邊界外的光永遠不會抵達地球。

## 宇宙泡沫

根據量子力學，虛粒子可透過卡西米爾效應（Casimir effect）以時空波動的形式短暫存在，並在宇宙的真空環境中產生波動。

## 重力波的偵測

重力波起因於大型質量的運動，會造成時空搖轉，這種波的存在最早是由愛因斯坦於 1916 年所預測。雷射干涉儀重力波天文台（Laser Interferometer Gravitational-Wave Observatory，LIGO）的研究團隊測量黑洞在融合時造成的波動後，進而偵測到了宇宙重力波，並於 2017 年獲得諾貝爾獎。

LIGO 的干涉儀中設有鏡子可反射光束，研究人員是藉由光子在鏡上位置的微小改變，來偵測時空扭曲。

### 重力波

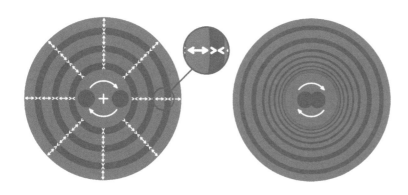

# 宇宙大爆炸

宇宙大爆炸發生於 138 億年前。

## 膨脹中的宇宙

球體的表面沒有中心點，形狀類似的宇宙同樣也沒有。目前，宇宙中的每個點都在向外擴張，彼此間的距離也越來越遠，但由於我們是從地球上的固定觀測點來對宇宙進行觀察與測量，所以較難理解這個現象。

### 宇宙時期

| 時期 | 時間 | 溫度（克式 K） | 環境 |
|---|---|---|---|
| 普朗克時期 | 宇宙大爆炸後的 $10^{-43}$ 秒 | | 電磁力、重力、強核力和弱核力混合在一起。 |
| 大一統場論（Grand Unified Theory，GUT）時期 | 宇宙大爆炸後的 $10^{-43}$ 至 $10^{-38}$ 秒 | | 重力從其他作用力中獨立出來；大量的能量釋放；宇宙從原子的尺寸膨脹成太陽系的大小。 |
| 電弱時期 | 宇宙大爆炸後的 $10^{-10}$ 秒 | | 膠子和夸克間的強核力也獨立了出來，電磁力和核力則混合在一起。次原子粒子開始形成，光子也已存在。 |
| 粒子時期 | 0.001 秒（1 毫秒） | 宇宙擴張並冷卻至 $10^{12}$K | 粒子開始形成，四種力也各自獨立。物質與反物質從光子中形成，又再因對滅而變回光子。 |
| 核合成時期 | 0.001 秒至 3 分鐘 | $10^9$ K | 原子可能因核融合而產生，較重的元素也開始形成：氫和氦分別占 75% 和 25%；微中子、質子、中子、電子皆已存在，反物質則很罕見。 |
| 原子核時期 | 3 秒至 50 萬年 | 最終冷卻至 3,000K | 電漿態的宇宙中充滿帶有自由電子的粒子；光子從物質分離而出，太空中瀰漫著光，來源為 CMB 輻射。 |
| 原子時期 | 50 萬年至 10 億年 | 從 3,000 K 冷卻至 2.73 K | 最早的一批恆星出現，電子也與原子核形成原子。 |
| 星系時期 | 持續到現今 | 2.73 K | 更多結構出現，星系也開始形成、演化。 |

# 量子電動力學（Quantum Electrodynamics，QED）

量子電動力學描述帶電粒子的行為，是規範電磁力的量子場理論。

## 場的觀念

· 力產生作用時，粒子間會發生玻色子互換。「場」（field）的概念等同於玻色子互換的總體作用。
· 電子是一種粒子，粒子則具波動性。
· 電子是由遍布宇宙各處的電磁場所激發。

## 虛粒子

瞬變型的粒子時而存在、時而消失，根據不確定原理，這樣的現象可能發生於普朗克單位制（Planck scale）。在 QED 領域中，帶電粒子會互換虛光子。

## 電子散射（互斥）

電子和電荷一樣，靠近時都會互斥，所以即使原子內部多半為中空，組成人體的物質也不會因而坍塌。從量子維度來看，電子散射的機制如下：

· 兩個電子相互靠近。
· 雙方互換虛光子（一邊釋出，一邊吸收）。
· 此作用使兩個電子互斥。

### QED

QED 是相對性量子理論，描述虛光子在電磁場中的離散量子互換，與磁性、閃電、電子效應及質子 - 電子對滅等各種電磁現象有關。此領域的研究是由費曼、朝永鎮一郎（Shinichiro Tomonaga，1906-1979）和朱利安·施溫格（Julian Schwinger，1918-1994）所開創，三人也因而獲得 1965 年的諾貝爾獎。

## 場的強度

電磁場與重力場作用機制相似，都涵蓋無限大的範圍，且遵守平方反比律，也就是強度與距離平方成反比（因為距離加倍時，力的作用範圍會變成四倍）。

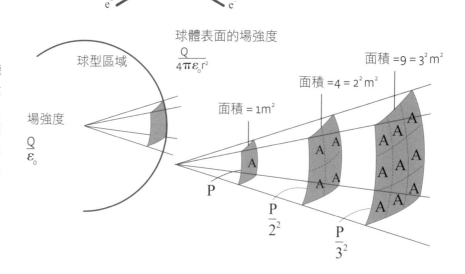

球體表面的場強度
$$\frac{Q}{4\pi\varepsilon_0 r^2}$$

面積 $=9 = 3^2\,m^2$

面積 $=4 = 2^2\,m^2$

面積 $= 1m^2$

球型區域

場強度 $\frac{Q}{\varepsilon_0}$

$P$

$\frac{P}{2^2}$

$\frac{P}{3^2}$

# 量子色動力學（Quantum Chromodynamics，QCD）

光子和中子都是核子，而核子由夸克組成。膠子（gluons）會負責傳遞強核力，使夸克結合，作用機制類似光子傳遞電磁力。夸克發生交互作用時，會互換膠子。

## 量子色

電子有電荷，夸克則有「強核力荷」，也稱為「色荷」。「量子色」（quantum color）是用於描述**夸克與膠子交互作用**的說法，與我們日常生活中看到的顏色無關。除了夸克以外，膠子也帶有色荷。

## 強核力：作用範圍極小

強核力是使星體發生核融合的驅力，會在兩個質子移動到非常靠近，彼此間的距離短到能克服正電荷間的互斥力時，將質子融合，而促成此效應的，正是作用範圍僅 $10^{-15}$ 公尺的強核力。要將夸克撞出核子，需要非常大的能量；這樣的能量可將物質轉變成反物質，透過物質與反物質束的轉換製造出夸克。

## 核子的結構

· **質子**：由兩個上夸克（分別為**藍色荷**和**紅色荷**）及一個下夸克（**綠色荷**）組成。
· **中子**：由兩個下夸克（分別為**綠色荷**和**紅色荷**）及一個上夸克（**藍色荷**）組成。

質子 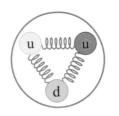　　　中子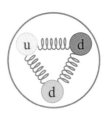

## 夸克的不同風味與世代

· **風味**：上、下、魅、奇、頂、底，以及對應的反物質（自旋和量子數不同）。
· **世代**：1（電子型）、2（緲子型）和 3（τ 型），可用於判斷夸克的大小。

反夸克也帶有色荷，分別為青、洋紅和黃。
· **反質子**是由帶青、黃色荷的反上夸克以及帶洋紅色荷的反下夸克所組成。
· **反中子**是由帶青色荷的反上夸克、帶綠色荷的奇夸克，以及和帶紅色荷的下夸克所組成。

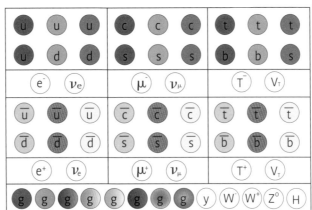

夸克
輕子
反夸克
反輕子
玻色子

# CP 破壞

CP 破壞指的是 CP 對稱遭到破壞，其中 C 代表電荷，P 則是宇稱（自旋）。科學家認為電荷和宇稱破壞之所以會發生，是因為宇宙中的物質比反物質多。

## 粒子與反粒子

所有粒子都有反粒子，其中，某些粒子（如光子和希格斯玻色子）就是自身的反粒子。萬物都是由物質組成，而宇宙學家相當好奇：世上為什麼會存在多種物質。從各個層面來看，反物質的性質都與物質相反，所以有時又稱為「鏡像」。物質和反物質粒子質量相同，但電荷與自旋相反；根據物理定律，下列性質應該守恆：

- 電荷對稱：物質與反物質間的交互作用不因二者所帶的電荷相反而改變。
- 宇稱對稱：物質與反物質間的交互作用不應受粒子的手性（自旋方向）影響。
- 時間對稱：交互作用不應因為時間方向而改變。

## CP 破壞

科學家認為物質與反物質間存在細微且未知的不對稱現象，正因如此，宇宙中的物質才會多於反物質。

## CPT 與 CP 對稱的比較

兩個夸克因強核力結合後，可能會透過弱核力（β 衰變）在紅色荷與藍色荷間振盪，從藍振盪到紅所需的時間比反向來得長，所以才會使時間對稱遭到破壞；另外，時間只會前進而不會後退的現象，也不遵守對稱原則。

### 基本對稱轉換

電荷　　　宇稱　　　時間

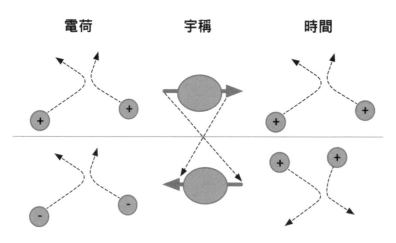

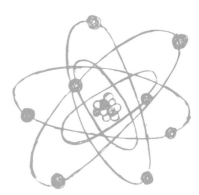

個別對稱遭到破壞

*三種對稱的乘積（也就是「CPT」對稱）會守恆

# 暗能量與暗物質

科學家對宇宙進行測量後，發現當中僅有 5% 是人類可偵測到的原子與物質，也就是所謂的重子物質，至於其他部分則是由我們不了解的神祕物質與能量所組成，不會對光子或物質產生反應，但會受重力影響。

---

· 在具重力的物質中，有 26.8% 不會發光（暗物質）。
· 有 68% 的成分正在將宇宙向外推（暗能量）。

## 重力

對於星系與星系團的觀察和計算顯示，其質量及重力都不夠大，不足以使星系的結構成形，所以必定還有其他來源在提供重力。

## 暗物質

暗物質提供額外重力，讓星系結構得以成形。人類無法直接觀察暗物質，但可以借助重力透鏡（質量使空間扭曲）來觀察這種物質的作用。

## 暗能量

使宇宙擴張的未知力量，有時又稱為「抗重力」。

### 宇宙的能量分布

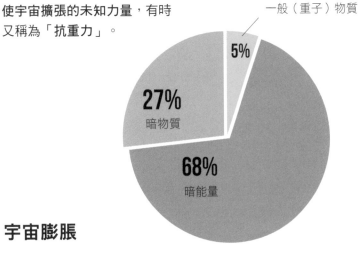

一般（重子）物質
5%
27%
暗物質
68%
暗能量

## 宇宙膨脹

· 宇宙星系間的距離正加速拉大。
· 星系越遠，重力紅移越大。
· 較遠星系的加速度也較快。
· 天文學家認為，**宇宙大爆炸及宇宙結構的形成與擴張都是由暗物質與暗能量所驅動**。

---

### 暗物質的可能成分

· 暗物質不是反物質，也不是黑洞。
· 宇宙中有許多反物質，且分布均勻。
· 根據相關假說，暗物質的成分可能是大質量弱作用粒子（weakly interacting massive particles，WIMPS）。這種粒子會與強子物質進行弱交互作用，且彼此之間亦是如此。WIMPS 如果真的存在，質量應該相當大。
理論上而言，只要是同時涉及量子物理與重力的理論，都應該會討論到暗物質。

# 光譜測定法

電磁光譜可用於分析科學與醫學物質。光是一種電磁波,波長越短,能量越大。

宇宙中的多數物質都無法用肉眼看見,如分子、原子和 EM 光譜中的不可見光等。原子周遭的電子占據不同能階(也就是與原子核的距離有所差異),所以吸收特定波長的能量後,也可能會激發至不同能階。各元素(如氫、氦和鐵等)都必須透過特定頻率,才能將周圍的電子激發至各個能階,所以只要分析遙遠行星與恆星釋放的光,即可判定星體成分。能階轉換發生時,元素和分子會吸收所含能量等同於兩個原子能階差的光子。

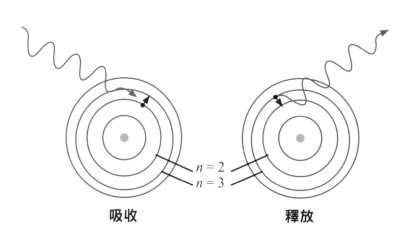

$n = 2$
$n = 3$

吸收　　　　　　　　　釋放

## 計算能階改變

兩個能階間的
能隙

$$\Delta E = h\nu$$

發射出的
光波頻率

普朗克常數

## 吸收光譜

原子吸收所含能量等同於能階差的光子時,產生的反射光譜會含有吸收譜線。

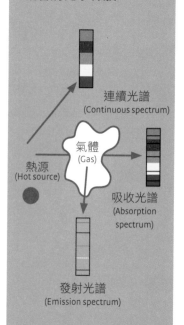

### 發射光譜

入射光線無法將電子支撐於高能階太久;電子落回吸光前的能階後,就會將光子釋放。

連續光譜
(Continuous spectrum)

氣體
(Gas)

熱源
(Hot source)

吸收光譜
(Absorption spectrum)

發射光譜
(Emission spectrum)

### 應用方式舉例

光譜測定法可用於天體距離的計算,恆星、其他行星大氣和地球大氣的成分研究、生醫光譜學、組織剖析、醫學成像,以及化學分析。

# 週期表

週期表包含目前所有已知化學元素的原子數、電子組態和化學性質。

---

- 原子序是原子核內的質子數。
- 原子內的電子數與質子數平衡，所以可依據原子序判定。
- 原子質量是質子數加上中子數。
- 各元素皆有對應的原子符號。

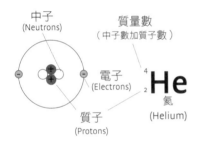

中子
(Neutrons)

質量數
（中子數加質子數）

電子
(Electrons)

⁴₂**He**
氦
(Helium)

質子
(Protons)

## 電子軌道

原子核周圍的電子分布於不同軌道（或稱「殼層」），而根據薛丁格的波函數，**數學機率方程式**可用於計算電子位置，因此，波函數可讓我們知道電子**可能位於何處**，又是以何種方式**聚集**在原子核周圍。把電子想像成「駐波」，會有助理解此機制（詳情請參閱 p. 36 的「聲音與聲學」一節）。

## 遞建原理

電子會排列於 s、p、d 和 f 等四種不同軌域，至於遞建

原理則規範電子排入各軌域的順序，從 1s（只能容納兩個電子）開始，而後依序是 2s、2p、3s、3p、4s⋯⋯。

價電子是原子最外圍的電子，會參與化學作用。

---

## 週期表怎麼看

- 週期表中的**垂直組別**可用於判斷**各元素所含的價電子數量**，第一組有 1 個，第二組則有 2 個，依此類推。
- 從週期表中看出電子填入**軌域**的順序，軌域 s 會最先填滿，接著是 p，依此類推。
- 元素的原子序由左至右增加。
- 第八組的惰性氣體元素最外層已填滿八個電子，所以不會產生反應。

| | 非金屬 | | 主族金屬 | | 惰性氣體 |
|---|---|---|---|---|---|
| | 鹼金屬 | | 類金屬 | | 鑭系元素 |
| | 鹼土金屬 | | 鹵素 | | 錒系元素 |
| | 過渡金屬 | | | | |

| H | | | | | | | | | | | | | | | | | He |
|---|---|---|---|---|---|---|---|---|---|---|---|---|---|---|---|---|---|
| Li | Be | | | | | | | | | | | B | C | N | O | F | Ne |
| Na | Mg | | | | | | | | | | | Al | Si | P | S | Cl | Ar |
| K | Ca | Sc | Ti | V | Cr | Mn | Fe | Co | Ni | Cu | Zn | Ga | Ge | As | Se | Br | Kr |
| Rb | Sr | Y | Zr | Nb | Mo | Tc | Ru | Rh | Pd | Ag | Cd | In | Sn | Sb | Te | I | Xe |
| Cs | Ba | 57-71* | Hf | Ta | W | Re | Os | Ir | Pt | Au | Hg | Tl | Pb | Bi | Po | At | Rn |
| Fr | Ra | 89-103** | Rf | Db | Sg | Bh | Hs | Mt | Ds | Rg | Cn | Nh | Fl | Mc | Lv | Ts | Og |

| * | La | Ce | Pr | Nd | Pm | Sm | Eu | Gd | Tb | Dy | Ho | Er | Tm | Yb | Lu |
|---|---|---|---|---|---|---|---|---|---|---|---|---|---|---|---|
| ** | Ac | Th | Pa | U | Np | Pu | Am | Cm | Bk | Cf | Es | Fm | Md | No | Lr |

# 碳定年法

碳定年法（carbon dating）可測定物質年代，
已用於許多分析領域。

放射現象（radioactivity）指的是放射性原子核自發性地發出輻射。

## 同位素

有些元素原子核內的中子數量可能不同，同位素指的就是中子數量不同的相同元素，也因為中子數量不同，這些原子會有重有輕。**原子質量**的數值通常是取各同位素質量的平均，所以 C 的原子質量其實是 12.011，因為碳共有 C12、C13 和 C14 三種。

### 氫的同位素

元素符號 → **C**$^6$ ← 原子序

原子質量 =
12.011
（每原子的原子
質量單位）

► **12.011**

莫耳質量 =
12.011 公克
（1莫耳的質量，
也就是 6.02 ×
$10^{23}$ 個原子）

$^1_1$H

$^2_1$H

$^3_1$H

氕

氘

超重氫

## 半衰期

**放射性同位素**各有不同的**衰變率**，而半衰期就是同位素樣本衰變到只剩下一半所需的時間。

## 衰變曲線

衰變曲線可呈現同位素的衰變率，下圖以**超重氫**為例。

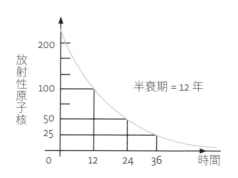

半衰期 = 12 年

放射性原子核 / 時間

## 碳 14

所有生物體內都含有微量的放射性同位素 C14。在活體中，C14 會持續透過進食與呼吸替換，所以比例不會改變，但生物死後，C14 的來源斷絕，也會開始衰變，因此科學家可根據 C14 剩餘的量來判定生物體死於多久以前。

# 分子內作用力

分子內作用力（intramolecular bonds）是使原子形成分子的力。
原子間之所以會產生鍵結，是因為電子轉移或電子軌域重疊。

電子是以機率式波函數疊加形態存在的量子物質。

路易斯結構（Lewis structures）可將分子內的鍵結圖像化，其中，落單的電子（未鍵結或未共用）是以點來表示。右圖為氨（$NH_3$）的路易斯結構：

## 八隅體法則

在多數*情況下，原子在最外層填滿八個價電子時，會較為穩定，因此，原子會以湊滿八個價電子為目標來產生共價鍵（covalent bond）或離子鍵（ionic bond）。

下圖是 $H_2O$ 的結構：氫原子最外層的落單電子與外層存在六個電子的氧共價，因此，氫的軌域中共有兩個電子，氧則有八個。

金屬鍵之所以會產生，是因為帶正電的金屬離子和解離電子間存在靜電吸引力。在電位差的影響下，這種電子可以自由移動。

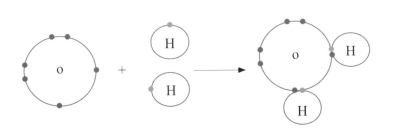

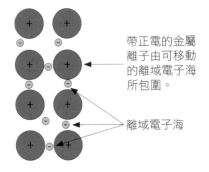

帶正電的金屬離子由可移動的離域電子海所包圍。

離域電子海

*s 軌域只要有兩個電子即會變得穩定，而 p、d 和 f 軌域則需要八個。

共價鍵的形成起因於電子殼層重疊，通常稱為「電子共用」。

至於離子鍵的形成，則是由於正負離子間的靜電位差使兩個粒子相互吸引。離子鍵結發生時，電子會從參與反應的其中一個原子遷移至另一個。

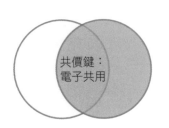

共價鍵：
電子共用

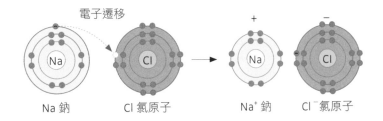

電子遷移

Na 鈉　　Cl 氯原子　　$Na^+$ 鈉　　$Cl^-$ 氯原子

# 分子間作用力

分子間的鍵結（作用力）作用於分子之間，包含吸力與斥力，也可以分為以下三種主要類型：

1. 氫鍵（Hydrogen bond）
2. 偶極 - 偶極力（Dipole-dipole force）
3. 凡得瓦力（Van der Waals force）

## 氫鍵

氫原子的質量相當小，由於分子周圍的電子分布不對稱，所以可能微帶正電荷，並對其他極化分子的電子產生吸力。之所以有那麼多物質可溶於水，就是因為氫鍵的緣故，此外，氫鍵也使冰的固態結構密度低於水，所以冰才能漂浮。

## 偶極 - 偶極力

偶極 - 偶極力源於分子內電子的不對稱分布，可分為吸力與斥力。

- 氯化氫（HCl）的 H 原子周遭微帶正電，這是因為分子中的共用電子會朝質子較多的 Cl 原子聚集。
- HCl 中微帶正電的 H 面會吸引另一個 HCl 分子中微帶負電的 Cl 面，這樣的交互作用稱為偶極矩。

## 凡得瓦力

這種力作用於原子或分子之間，起因於分子的極化，不受距離影響，是偶極矩的一種，形成的鍵結容易切斷。

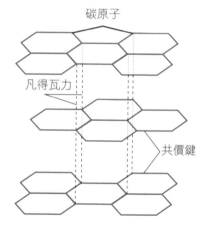

碳原子

凡得瓦力

共價鍵

$$H^{\delta+} \quad \quad H^{\delta+}$$
$$O^{\delta-} \text{||||||||} H^{\delta+} - O^{\delta-}$$
$$H^{\delta+}$$

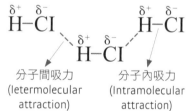

$$\overset{\delta+}{H} - \overset{\delta-}{Cl} \quad \quad \overset{\delta+}{H} - \overset{\delta-}{Cl}$$
$$\overset{\delta+}{H} - \overset{\delta-}{Cl}$$

分子間吸力
(letermolecular attraction)

分子內吸力
(Intramolecular attraction)

## 同素異形體

同素異形體（同素異形現象）意指元素以兩種以上的不同結構存在。之所以會如此，是因為某些元素能以多種方式鍵結，譬如碳就有許多同素異形體：

**碳的同素異形體**

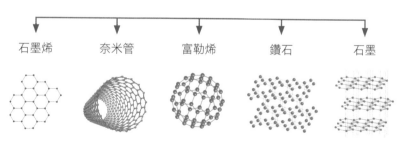

石墨烯　　　奈米管　　　富勒烯　　　鑽石　　　石墨

# 化學反應

沒有化學反應，人類就不會存在。
化學反應發生時，原子間的鍵結會斷裂或重建。

## 化學反應式（Chemical Equations）怎麼寫

反應式可代表**化學反應**，寫的時候要注意四點事項：

1. **反應物寫在前，生成物寫在後**。一開始先以中文名稱寫出各成分，如：氫＋氧→水
2. 將反應物和生成物的名稱換成化學式：$H_2 + O_2 \rightarrow H_2O$
3. **平衡反應式**。在箭號兩側，反應物和生成物中的原子數必須相等：$2H_2 + O_2 \rightarrow 2H_2O$
4. 加入反應物和生成物的物理狀態：
   $2H_2(g) + O_2(g) \rightarrow 2H_2O(l)$

## 物理狀態

- 氣態（g）
- 液態（l）
- 固態（s）
- 水性（aq）

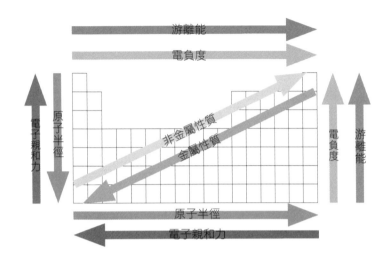

## 化學反應種類

- **加成**：兩個以上的原子或分子產生反應，形成單一分子。
- **催化**：催化劑會提高反應率，但反應前後質量不變。
- **脫水**：除水反應。
- **置換（取代）**：原子／分子取代另一個原子／分子。
- **電解**：透過電解質進行的反應，起因於電流中的離子流，發生位置在陰極與陽極。
- **吸熱**：吸收熱的反應。
- **酯化**：酒精和有機酸形成乙醚的反應。
- **放熱**：釋放熱的反應。
- **發酵**：糖分解為酒精和二氧化碳。
- **水解**：化合物在水中分解／互解。
- **離子結合**：相反電荷之離子結合並沉澱。
- **游離化**：產生帶電離子。
- **氧化**：與氧結合。
- **聚合**：小分子結合形成長鏈分子。
- **沉澱**：液體形成固態生成物。
- **氧化還原**：氧化作用加上還原作用。
- **還原**：失去氧原子的反應。
- **可逆反應**：反應物形成生成物後，可再變回反應物。
- **熱分解**：以熱透過不可逆的方式分解化合物。
- **熱解離**：以熱透過可逆的方式分解化合物

# 有機化學

有機化學（organic chemistry）是對碳基（有機）分子幾何結構、反應能力及物理／化學性質的了解、發展與研究。

## 生命基礎

就科學界所知，碳化學是所有生命的基礎。

## 碳氫化合物

一個碳原子有四個價電子，也就是說一半的位置已經占滿（理想狀態為八個電子）。下圖為甲烷結構，當中有一個碳原子與四個氫原子共價。

$$H - \overset{\displaystyle H}{\underset{\displaystyle H}{C}} - H$$

一個碳原子可與四個氫原子共價，但其實碳原子之間也可以相互鍵結，分為單鍵、雙鍵和三鍵。

**單鍵**

$$-\overset{|}{\underset{|}{C}} - \overset{|}{\underset{|}{C}} -$$

**雙鍵**

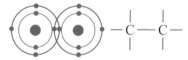

$$-\overset{|}{C} = \overset{|}{C} -$$

**三鍵**

$$-C \equiv C-$$

## 聚合物

碳原子間可穩定鍵結，並在聚合反應中形成**長鏈分子**。這種長鏈分子稱為**聚合物**，而聚合鏈中的每個單位都稱為**單體**。

## 碳氫化合物的命名

碳氫化合物相當複雜，所以**每一種命名方式都會顯示碳原子的數量**，以及該化合物所屬的官能基。

| 碳原子個數 | 字首 | 分子式 | 名稱 |
|---|---|---|---|
| 1 | Meth | $CH_4$ | 甲烷（Methane） |
| 2 | Eth | $C_2H_6$ | 乙烷（Ethane） |
| 3 | Prop | $C_3H_8$ | 丙烷（Propane） |
| 4 | But | $C_4H_{10}$ | 丁烷（Butane） |
| 5 | Pent | $C_5H_{12}$ | 戊烷（Pentane） |
| 6 | Hex | $C_6H_{14}$ | 己烷（Hexane） |
| 7 | Hept | $C_7H_{16}$ | 庚烷（Heptane） |
| 8 | Oct | $C_8H_{18}$ | 辛烷（Octane） |

## 官能基

官能基（functional groups）涵蓋性質類似的原子，可**幫助研究人員根據結構將碳氫化合物分類**，並預測其行為。醇類就是一種官能基，含有 C － O － H 的結構。

$$H - \overset{\displaystyle H}{\underset{\displaystyle H}{C}} - \overset{\displaystyle H}{\underset{\displaystyle H}{C}} - O - H \qquad 結構式$$

$$C_2H_2OH \qquad 分子式$$

其他官能基包括**烯類**（雙鍵）、**炔類**（三鍵）和**胺類**（帶有鍵結的 C － NH$_2$ 官能基），如下所示：

| 烷類 | 烯類 | 炔類 | 胺類 | 醇類 | 醚類 |
|---|---|---|---|---|---|

| 醛類 | 酮類 | 羧酸類 | 酯類 | 胺類 |
|---|---|---|---|---|

# 無機化學

無機化學（inorganic chemistry）是針對有機化合物（碳氫化合物及其衍生物）以外的化學元素與化合物所進行的結構、性質與反應相關研究。

## 游離能

游離能（EI）是使價電子脫離氣體原子或分子所需的最小能量。

## 價數／氧化數

價數（valence）／氧化數（oxidation number）是原子或分子中可參與化學反應的電子數。

第 1 組：鹼金屬，價數為 +1
第 2 組：鹼土金屬，價數為 +2
第 3 至 6 組：過渡金屬，價數各不相同
第 7 組：鹵素，價數為 − 1

## 鹼金屬

- 帶有電荷為 +1 的金屬離子。
- 會與水產生反應，形成金屬氫氧離子，如

$$M{\rightarrow}M^+ + e^-$$

- 屬於第一組。在這組中，位置越下方的元素，反應能力越強，這是因為價電子離原子核較遠，比較容易脫離。
- 很容易與水和空氣產生反應，並於反應過程中釋放出光與熱。
- 質地很軟，容易切割。

## 鹼土金屬

- 帶有電荷為 +2 的金屬離子。
- 會與水產生反應，形成金屬氫氧離子，但鈹除外。代表性的反應包括：

$$Mg{\rightarrow}Mg^{2+} + 2e^-$$

- 化學反應式：

$$Ca+2H^2O(l){\rightarrow}Ca(OH)_2+H_2$$

- 屬於第二組。在這組中，元素的位置越往下，**價電子就離原子核越遠**，反應能力也越強。
- 會與**鹵素產生反應**，形成金屬鹵化物。
- 在第二組中，位置越下方的**金屬硫化物反應能力越弱**。
- 在第二組中，位置越上方的**氫氧化物反應能力越強**。
- 質地相當軟。

## 過渡金屬

- 同一元素有許多不同價數。
- 位置越靠近週期表右側，反應能力越弱。
- 會形成顏色鮮豔的水溶液。
- 溶點和沸點皆高。
- 室溫下為固態，唯汞（**Hg**）除外。
- 密度高且質地硬。

| Sc | Ti | V | Cr | Mn | Fe | Co | Ni | Cu | Zn |
|----|----|----|----|----|----|----|----|----|----|

大致的反應能力減弱方向

## 鹵素

- 屬於第 7 組的非金屬元素。
- 位置越往下，反應能力越弱。
- 鹵素會游離化成 –1 離子。
- 鹵素游離化後的產物字尾為 **–ide**。
- 元素型鹵素（指僅由鹵素構成的物質，如氯氣和氟氣）是以「**雙原子**」分子（亦即含有兩個原子）的形式存在。

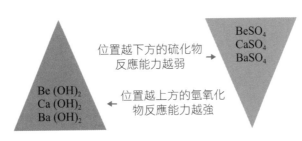

位置越下方的硫化物反應能力越弱 → $BeSO_4$ $CaSO_4$ $BaSO_4$

位置越上方的氫氧化物反應能力越強 ← $Be(OH)_2$ $Ca(OH)_2$ $Ba(OH)_2$

# 酸鹼值

酸鹼值（pH）是衡量溶液 $H^+$ 離子濃度的單位

## 酸

酸是含有氫離子（$H^+$）的物質，在化學反應中會釋出質子。

- 酸遇到水會形成酸性溶液。
- 酸是氫氧離子 $H^+$ 的來源。
- 舉例來說，鹽酸會產生氫氧離子：
  $$HCl(aq) \rightarrow H^+(aq) + Cl^-(aq)。$$
- 酸性溶液的 pH 值小於 7。

## 鹼

鹼性物質（或鹼基）含有氫氧離子（$OH^-$），與酸反應後會產生鹽，在化學反應中是扮演接收質子的角色。

- 鹼遇到水會形成鹼性溶液。
- 鹼是氫氧離子 $OH^-$ 的來源。
- 舉例來說，氫氧化鈉會產生氫氧離子：
  $$NaOH(aq) \rightarrow Na^+(aq) + OH^-(aq)。$$
- 鹼性溶液的 pH 值大於 7。

## 酸性反應 ( Acid Reactions )

- 酸 + 金屬 → 鹽 + 氫
  如鹽酸 + 鎂 → 氯化鎂 + 氫
  $$2HCl(aq) + Mg(s) \rightarrow MgCl_2(aq) + H_2(g)$$

- 酸 + 金屬氧化物 → 鹽 + 水
  如硫酸 + 氧化銅 → 硫化銅 + 水
  $$H_2SO_4(aq) + CuO(s) \rightarrow CuSO_4(aq) + H_2O(l)$$

- 酸 + 碳酸鹽 → 鹽 + 水 + 二氧化碳
  如鹽酸 + 碳酸銅 → 氯化銅 + 水 + 二氧化碳
  $$2HCl(aq) + CuCO_3(s) \rightarrow CuCl_2(aq) + H_2O(l) + CO_2(g)$$

## 鹼性反應 ( Alkali Reactions )

如鈉 + 水 → 氫氧化鈉 + 水
$$2Na(s) + 2H_2O(l) \rightarrow 2NaOH(aq) + H_2(g)$$

## 中和反應 ( Neutralization Reactions )

- 酸 + 基 = 鹽 + 水
  $$H^+(aq) + OH^-(aq) \rightarrow H_2O(l)$$

- 酸 + 金屬氫氧化物 → 鹽 + 水
  如硝酸 + 氫氧化鈉 = 硝酸鈉 + 水
  $$HNO_3(aq) + NaOH(s) \rightarrow 2NaNO_3(aq) + H_2O(l)$$

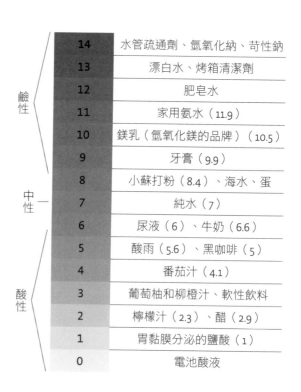

| | | |
|---|---|---|
| 鹼性 | 14 | 水管疏通劑、氫氧化鈉、苛性鈉 |
| | 13 | 漂白水、烤箱清潔劑 |
| | 12 | 肥皂水 |
| | 11 | 家用氨水（11.9） |
| | 10 | 鎂乳（氫氧化鎂的品牌）（10.5） |
| | 9 | 牙膏（9.9） |
| | 8 | 小蘇打粉（8.4）、海水、蛋 |
| 中性 | 7 | 純水（7） |
| | 6 | 尿液（6）、牛奶（6.6） |
| | 5 | 酸雨（5.6）、黑咖啡（5） |
| | 4 | 番茄汁（4.1） |
| 酸性 | 3 | 葡萄柚和柳橙汁、軟性飲料 |
| | 2 | 檸檬汁（2.3）、醋（2.9） |
| | 1 | 胃黏膜分泌的鹽酸（1） |
| | 0 | 電池酸液 |

# 氫鍵結與水

因為有水，地球上才有生命；水占地球表面積的 71%，且活生物體中有 60% 到 90% 是水。

## 極化

極化現象源於電子在分子周圍的**不對稱分布**以及**電負度**這個性質。分子要極化，就必須有「**偶極矩**」，換句話說，分子的電荷必須分化成正負兩側（δ⁺和 δ⁻）。

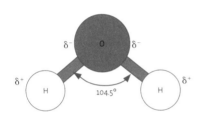

## 電負度

電負度測量的是鍵結中的電子受原子吸引的程度。

· **鮑林標度（Pauling scale）**可測量電負度。
· 在週期表中，電負度是由左至右上升。
· 週期表越下排的元素電負度越低，這是因為原子核外有較多層的電子軌域可屏蔽質子的正電影響。
· 在所有元素中，**氟**的電負度最高。
· 一般而言，離子鍵的電負度比共價鍵高，唯有某些**電荷分布不對稱的氫鍵分子**（如水）除外。

### 鍵結類型

| 電負度差異 | 極性共價鍵 | 離子鍵 |
|---|---|---|
| 零 | 低 | 高 |

**電負度差異**

## 水的極性

含有極性分子的溶劑（如水），對溶質的溶解能力極強。水能溶解的化合物比其他溶劑都來得多。

## 宇宙之水

· 在 2011 年，天文學家在黑洞周圍發現一灘水冰，當中的含水量是地球的 140 兆倍。
· 木衛二是木星的冰衛星之一，表面覆有一層鹹水冰殼。
· 土衛二的表面也是水冰殼，底下有海洋。
· 彗星是由岩石和水組成。

## 水分子的幾何性質

氧有六個價電子，需要氫原子給予兩個電子，才能完成八隅體，而氫與氧的**共價鍵結**正可以達成這樣的效果。由於氧原子所含的**質子**比氫原子（僅一個）多，水分子中的電子會聚集在氧原子周圍，形成偶極矩。

### 實用術語

· **溶劑（solvent）**：可溶解固態、液態或氣態的物質；溶劑可以是水性（含水）或非水性（不含水）。
· **溶質（solute）**：溶化於溶劑中的物質。
· **溶液（solution）**：溶質溶化後形成的物質。

## 內聚力

溶液內的極化分子會依自身攜帶的電荷排列，而偶極矩會使分子保持獨立，所以水滴才會呈球形珠狀。

# 物質的狀態

物質可以透過感官、化學及物理等各種性質來區分。狀態改變屬於物理性質的改變。

## 物理性質

- 密度
- 分子幾何
- 比重
- 氣味
- 顏色
- 偶然性質：源於質地、形狀、體積和其他感官性質，對於材料科學家和設計師而言相當重要。

**將系統加熱**，會使當中的分子或原子動能提升，因而加速四處振動；換言之，只要對系統注入熱或能量，即可**改變物質的「狀態」。**

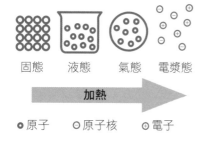

固態　　液態　　氣態　　電漿態

加熱

⊙ 原子　　○ 原子核　　⊕ 電子

## 其他狀態

電漿（plasma）是冷卻至接近絕對零度（0K 或 −459.67°F）的狀態，會使物質的行為變得類似能以波函數描述的單一量子力學實體。

## 相變

系統中的熱能會提供足夠能量，使分子能夠振動。如此一來，分子就能克服限制其移動並使其呈固態的分子間／內作用力，進而形成不同的物質狀態。

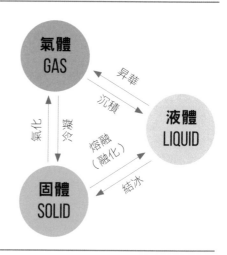

## 布朗運動

流體（液體或氣體）中的原子和分子會沿不規則的隨機路線行進，並不斷彼此衝撞。布朗運動（Brownian motion）是由蘇格蘭植物學家羅伯特·布朗（Robert Brown）於 1827 年所發現。

## 粒子在液體中的隨機運動

布朗運動會造成粒子在流體中擴散，並隨機相互撞擊，最後平均地分散在流體中的各處，達成平衡。

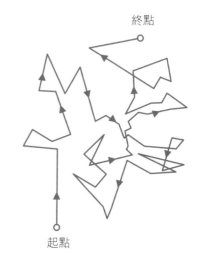

終點

起點

### 電漿

電漿中含有許多能量，多到能讓電子脫離帶正電的原子核，形成一灘自由流動的離子。電漿是宇宙中最常見的狀態，恆星和超新星都是電漿態。

# 手性

手性（chirality）是某些分子和粒子具有的幾何性質。
手性分子是分子本身的不重疊鏡像，兩者的化學式相同，但化學性質不同。

**同分異構物：**
化學式相同，但原子排列方式不同的化合物，因此性質也會不同。

**立體異構物：**
化學式相同，但原子空間分布不同的分子。

**非鏡像異構物：**
不重疊的立體異構物，彼此為鏡像。

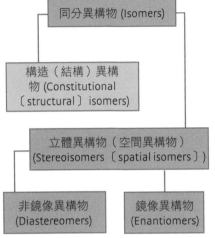

同分異構物 (Isomers)

構造（結構）異構物 (Constitutional〔structural〕isomers)

立體異構物（空間異構物）(Stereoisomers〔spatial isomers〕)

非鏡像異構物 (Diastereomers)

鏡像異構物 (Enantiomers)

**手性化合物：**
· 化學式相同
· 幾何結構不同
· 化學性質不同

立體異構物可分為順式和反式：

順 -2- 丁烯

雙鍵兩側皆有甲基

反 -2- 丁烯

甲基位於雙鍵的同一側

---

## S 與 R 鏡像異構物

以碳原子為中心的有機分子周圍若存在不對稱的現象，分子就會具有手性。鏡像異構物就是**彼此互為鏡像的一對分子**。

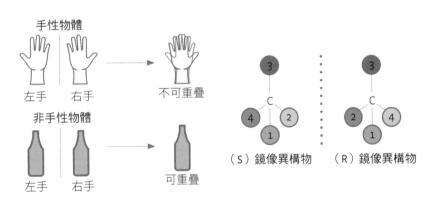

手性物體

左手　右手　不可重疊

非手性物體

左手　右手　可重疊

（S）鏡像異構物　（R）鏡像異構物

---

## 糖異構物

在生物學中，各種異構物與有機體的反應經常不同，這是因為分子常會**與生物體內也具手性的受體結合**，譬如葡萄糖異構物（D 型葡萄糖和 L 型葡萄糖）在體內的反應就不會相同。人體可將 **D 型葡萄糖**用做能量，但 L 型葡萄糖則不行，且 L 型葡萄糖只能在實驗室中製造，並不存在於自然界。

## DNA 與手性

DNA 雙螺旋之所以會沿順時鐘方向纏繞，是因為分子使 DNA 本身具有手性中心，如此一來，DNA 內的分子內鍵結就僅能以受限的方向旋繞。以手性而言，DNA 是「**右手**」螺旋。

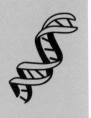

# 巨分子

巨分子（macromolecules）是由數千個或更多原子組成的巨型分子，
生物聚合物和大型非聚合物分子都是常見的巨分子。

## 分子結構

研究分子中小型次單元的三維形狀、幾何結構與組態有助了解這些分子的化學性質，以及其結構成因。所有分子的幾何結構都取決於各電子軌域的交互作用方式。

## 分子幾何

小分子的幾何結構有下列不同種類：

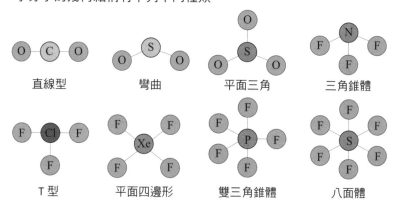

直線型　　彎曲　　平面三角　　三角錐體

T 型　　平面四邊形　　雙三角錐體　　八面體

## 胺基酸

製造蛋白質需要 22 種胺基酸（amino acids），由於胺基酸內含不同的 R 基團（the-R-group），所以各種蛋白質的性質也不盡相同。右圖為胺基酸的基本結構，不同胺基酸的差異就是起因於 R 基團這種分子。

### 胺基酸結構

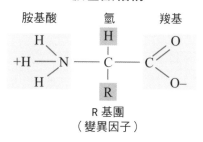

胺基酸　　氫　　羧基

R 基團
（變異因子）

## 蛋白質

蛋白質是由胺基酸鏈組成，當中的每個胺基酸剛開始都是單一小分子；多肽鏈就是胺基酸鏈。

· 一級結構：多肽鏈。
· 二級結構：多肽鏈發展至特定大小後，會對折或纏繞自體結構，形成 α 螺旋或 β 摺板。這樣的對折與纏繞是起因於分子間鍵結的交互作用。

· 三級結構：由多個二級結構聚集而成，結合方式取決於分子間的鍵結。
· 四級結構：有些蛋白質是由兩個以上的三級結構折疊而成，十分複雜；血紅素就是四級結構。

## 蛋白質折疊

蛋白質的折疊很難預測，這是因為可能發生於胺基酸分子鍵結間的交互作用非常多，舉例來說，氫鍵以及疏水和親水中心都會影響蛋白質的形成方式，而多肽體中的雙硫鍵則可穩定三級結構。

# 聚合物

聚合物（polymers）是由重複單體次單元組成的大型分子；
聚合作用就是單體結合成聚合物的化學過程。

加成聚合（addition polymerization）：單體透過催化劑，如項鍊上的珠飾般聚集在一起。

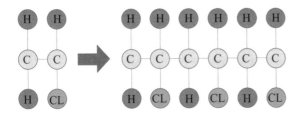

縮合聚合（condensation polymerization）：單體進行聚合作用後形成水、二氧化碳或氨水。

胺基酸

蛋白質

## 自然形成的聚合物

- 多醣：澱粉、纖維素、肝醣和果膠等碳水化合物。
- 纖維素：蔬菜、植物和樹木中所含的多醣體，成分為糖分子；織物中既長又有彈性的纖維就是纖維素。
- 肝醣：質地如果凍的多醣。
- 絲：蠶的幼蟲在結繭時吐出的物質。
- 蜘蛛絲：蜘蛛透過蛋白質製造的聚合物，非常強韌。
- 羊毛：成分為角蛋白，長在羊身上，具保暖效果；將羊毛剃下後用於織物是相當安全的做法。
- DNA：由糖與名為核苷酸的分子所組成。
- 蛋白質：成分為胺基酸單體。
- 膠原蛋白：纖維狀的聚合物，可見於動物、鳥類和魚類的肌肉與結締組織。

## 塑膠

塑膠可以加熱、融化、塑形、重塑，許多種類都是以原油製成，會分解成微塑料，毒害所有生物，是重大汙染源。拋棄式塑膠對某些醫療用途而言不可或缺，但平時少用仍有助減緩汙染情形，所有塑膠皆可回收，但無法生物分解。

## 塑膠種類

- 聚對苯二甲酸乙二酯（PETE 或 PET）
- 高密度聚乙烯（HDPE）
- 聚氯乙烯（PVC）
- 低密度聚乙烯（LDPE）
- 聚丙烯（PP）
- 聚苯乙烯或保麗龍（PS）

## 生物性塑膠

生物性塑膠的原料為生物性資源，例如糖、木屑中的澱粉和廚餘。生物性塑膠可以生物降解，但某些種類必須以工業堆肥的形式才能分解，因此需要 160°F 的環境。

## 生物性塑膠種類

- 以蛋白質製成
- 以澱粉製成
- 以纖維素製成
- 聚乳酸（PLA）
- 酪蛋白（牛奶蛋白）
- 從脂質提煉的聚合物

# 親水性與疏水性

「親水」和「疏水」分別是「喜歡水」與「怕水」的意思。

親水 + 黏著度高
+ 容易脫水

親水性表面

疏水 + 黏著度低
－水滴附著

疏水性表面

· 親水性（hydrophilic）物質會溶於水，包括離子化合物（如鹽）和極性分子（如酒精）等等。

· 疏水性（hydrophobic）物質不溶於水，如油和脂肪會斥水，是非極性物質。

## 水與油

油滴會浮在水上，不會與水混合，稱為不溶混物質。

· 極化溶劑：電子分布不對稱。

· 非極化溶劑：電子分布平均，呈幾何對稱。

## 細胞膜

細胞膜（又稱脂雙層）之所以有兩層，是因為同時具親水及疏水性質。朝外的那層是使之得以存在於人體環境的極性前端，朝內的則是疏水後端。

## 胰島素

胰島素（insulin）是控制血糖高低的蛋白質，可幫助細胞吸收（新陳代謝）葡萄糖（能量）。細胞獲得足夠能量後，肝會將葡萄糖儲存為肝醣，預防血糖過低。胰島素是親水物質，無法通過脂

雙層的疏水內層直接進入目標細胞，所以會透過傳訊的方式作用。如果沒有胰島素，受器就沒辦法分辨血液中的葡萄糖多寡，糖也會無法代謝。

## 胺基酸

構成並維持人體功能的蛋白質是由 20 種胺基酸所組成（請見下圖）。人體內大部分為水性環境，所以疏水與親水性胺基酸都必須要有。

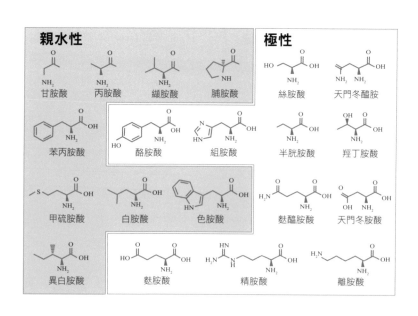

# 蛋白質結晶學

蛋白質結晶學（Protein crystallography）可判定結晶物質分子內的原子結構，因此廣泛用於化學、物理學，以及蛋白質和 DNA 等生物分子的分析。

## 桃樂絲‧霍奇金

英國結構生物學家桃樂絲‧霍奇金（Dorothy Hodgkin，1910-1994）透過 X 光結晶學研究蛋白質結構，並因為研究出維他命 B12 的結構，而在 1964 年獲頒諾貝爾化學獎。她針對三維分子結構發展出創新的成像技術，有助了解青黴素、胰島素和類固醇的結構。

## 維他命 B12 的複雜結構

對於人體而言，維他命是不可或缺的分子物質，多數種類都無法由人體自行製造。維他命 B12 分子可溶於水，對神經細胞、血球和 DNA 的製造與維繫來說非常重要。

## 蛋白質結晶法

蛋白質的結構非常複雜，但了解後有助理解各種蛋白質在人體中的功能，譬如科學家研究出胰島素的形成方式後，得以在實驗室中自行製造，幫助第一型糖尿病患者。結晶法對於複雜生物分子結構的研究很有幫助。

## X 光繞射

此技術可用於判斷晶體結構。X 光的波長很短，因此可穿過晶體，且在過程中會產生繞射圖樣，讓我們可以從中了解晶格的規模、當中的原子是如何排列，以及原子間的距離。

## 晶體

晶體由平面與筆直的邊所構成，是結構規律的固體，當中含有以重複模式排列的幾百萬個小粒子，稱為晶格。由於晶體具有規律性，所以其分子結構很容易從幾何角度分析。

## 常見的晶體幾何

晶體可形成許多不同的幾何形狀，但最常見的四種為立方體、六方體、單斜晶體和斜方體。

立方體　　六方體　　單斜晶體　　斜方體

# DNA 與照片 51 號

X 射線結晶學能讓科學家了解物質與短波長 X 射線的交互作用，一探物質的內部結構。
在 1950 年代早期，研究人員就是借助這門領域，才發現了對生命極為重要的 DNA 分子結構。

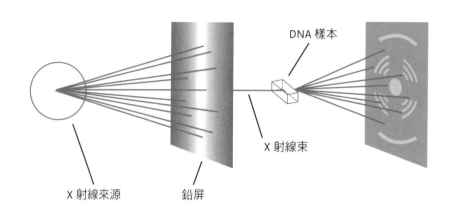

X 射線來源　　鉛屏

DNA 樣本

X 射線束

## 雙螺旋

雖然生物學家多年前就已**發現 DNA**，並認定當中**儲存**了可讓細胞複製並產生其他化學元素的基因資訊，但 DNA 的運作機制卻是到 1950 年代初期才開始為科學界所了解。

**羅莎琳・富蘭克林**（Rosalind Franklin）在她和倫敦國王學院的同事共同發展出的革命性 X 射線研究中，確認了 DNA 大分子中的某些重要化學結構。在 1953 年，「照片 51 號」（Photo 51）這幅關鍵影像啟發了劍橋大學生物學家**弗朗西斯・克里克**（Francis Crick）及**詹姆斯・華生**（James Watson）建置出相關模型，當中兩兩成對的化學單位（稱為**鹼基**或**核苷酸**）相互連結，形成螺旋梯狀，這樣的結構就叫「**雙螺旋**」（double helix）。

可惜的是，後來華生將研究結果出版並獲得暢銷成績，但富蘭克林的重要性卻似乎因為性別歧視而遭到淡化，所以 DNA 研究陷入**爭議**。此外，華生和克里克似乎是**在富蘭克林不知情的情況下，取得她的核心研究**，據說同時身為雙方同事的莫里斯・威爾金斯（Maurice Wilkins）幫了一些忙。

事件實情如何，當事人又有什麼動機，我們或許永遠無法得知，而真相也隨著富蘭克林在 1958 年因卵巢癌去世而被埋葬。

四年後，華生、克里克和威爾金斯因為「**他們的**」發現而獲頒諾貝爾獎，但近年來，富蘭克林的地位已從「**遭到遺忘的 DNA 女學者**」晉升成了此學門的**指標性人物**。

### 從照片 51 號到雙螺旋

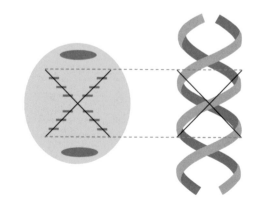

# 生物學中心法則

所謂的生物學中心法則，指的是 DNA 轉錄成 RNA，RNA 轉譯成蛋白質，蛋白質再提供身體所需的 DNA。DNA 與染色體緊密相纏，而染色體則位於細胞核內。

## DNA

- 由核苷酸所組成：腺嘌呤（A）、鳥糞嘌呤（G）、胸腺嘧啶（T）、胞嘧啶（C）。
- A、G、T 和 C 會在螺旋梯狀的磷酸鹽糖鍵之間形成鍵結。

每個細胞大約有 60 億個鹼基對。
- DNA：去氧核糖核酸，呈雙螺旋狀。
- RNA：核糖核酸，呈單螺旋狀，內含脲嘧啶，而非胸腺嘧啶。

### 鹼基對

A 與 T 配對，C 則與 G 配對。這些鹼基對的順序（序列）讓資訊可寫入 DNA 中。

| A | = | T |
| G | = | C |
| 嘌呤 | = | 嘧啶 |

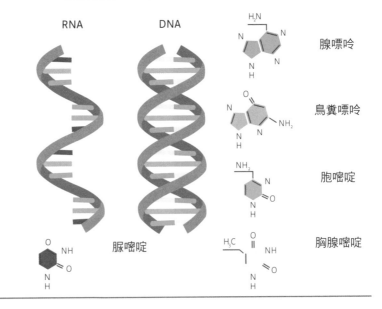

## 複製

細胞在存活期間會進行幾兆次的 DNA 複製，並將一半的 DNA 用做範本。酵素是控制複製程序的蛋白質：
- 解旋酶（helicase）解開 DNA 以建立範本。
- RNA 引發酶開始進行複製流程。
- DNA 聚合酶補充核苷酸。
- DNA 連接酶結束流程。

每百億個核甘酸會發生一次錯誤，而 DNA 聚合酶會檢查 DNA，將錯誤率降至最低。

## 轉錄

基因的表現有賴蛋白質的製造。DNA 的片段經複製後會形成 mRNA，也就是製造蛋白質的指示。
- RNA 聚合酶解開雙螺旋以複製序列。
- RNA 接收到終止訊號後停止運作。
- 傳訊 RNA（mRNA）形成。
- mRNA 離開細胞核以製造蛋白質。

## 轉譯

核糖體會在細胞質內製造蛋白質。
- mRNA 進入內質網。
- 核糖體內包含蛋白質和核糖體 RNA（rRNA）。
- rRNA 會以一次三個核苷酸的方式讀取 mRNA。
- tRNA 的一端具有胺基酸，另一端則是可與 mRNA 配對的鹼基，稱為反密碼子。
- 由 tRNA 攜帶的胺基酸會產生鍵結，形成多肽鏈。這是製造蛋白質的第一步。

# 細胞

細胞是有機體的基本單位。

## 原核細胞

原核細胞是單細胞生物，利用鞭毛（flagella）移動，並以線毛感知周遭環境。

## 真核細胞

真核細胞可見於多細胞生物，內部構造較為複雜。

## 細胞內有什麼？

- 細胞膜：包覆細胞，提供保護作用，當中充滿養分與廢料。
- 細胞核（僅存在於真核細胞）：控制細胞，含有DNA。

- 細胞質：成分複雜的物質，化學反應發生於此處。
- 粒線體：新陳代謝（呼吸作用）發生的地方。
- 核糖體：位於內質網中，會製造蛋白質。

## 植物細胞才有

- 細胞壁：硬質外部結構。
- 液胞：含有汁液的細胞。
- 葉綠體：行光合作用的部位。

**細胞構造**

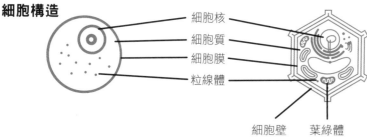

細胞核
細胞質
細胞膜
粒線體

細胞壁　葉綠體

## 細胞呼吸作用

細胞會透過名為呼吸作用的化學反應來獲取能量，在過程中，碳水化合物會於細胞質內分解。

- 吸熱：分解化學鍵結需要能量。
- 放熱：分解化學鍵結時會釋放能量。

放熱反應中釋放的能量會與磷酸離子結合，形成三磷酸腺苷（ATP）分子；氧氣（$O_2$）會接收電子，使二氧化碳（$CO_2$）釋出。

行光合作用的細胞會使用 $CO_2$ 製造碳水化合物，而 $O_2$ 則是當成廢料排放。

## 醣解

以下為細胞呼吸作用的概要流程：

- 葡萄糖分解為丙酮酸（「克雷伯氏環路」的一部分）。
- 丙酮酸又再分解，釋出更多能量，以製造菸鹼醯胺腺嘌呤二核苷酸（NADH）。
- 電子會沿鏈狀的酵素與分子（稱為「細胞色素」）傳輸，是能量來源。
- 電子的斥力使質子（$H^+$ 離子）穿過細胞膜（ATP 的製造處），此過程稱為化學滲透。
- 醣解（glycolysis）不需要氧氣，屬於無氧作用。
- 有些細菌和酵母僅透過醣解獲取能量。

## 克雷伯氏環路
（Kreb's Cycle，檸檬酸循環）

丙酮酸分子會形成 ATP、$CO_2$、NADH 和黃素腺嘌呤二核苷酸（$FADH_2$，為氧化還原活性分子。）

# 顯微鏡

如果沒有顯微鏡，人類就無法研發出小兒麻痺的疫苗，也無法製造微晶片。

## 光學顯微鏡

光學顯微鏡能透過可見光和透鏡來放大有機體的影像。史上第一台顯微鏡據說是由荷蘭眼鏡製造商查哈里亞斯·楊森（Zacharias Janssen）於 1595 年所設計，最高放大倍率為九倍。

## 虎克的《顯微圖譜》

英國科學家羅伯特·虎克（Robert Hooke，1635-1703）曾製造顯微鏡，並於 1665 年出版了《顯微圖譜》（Micrographia），是史上第一本畫出微觀物體觀察畫面的書籍。

## 范·雷文霍克

荷蘭博學家安東尼·范·雷文霍克（Antonie Van Leeuwenhoek）進一步發展顯微技術，將放大倍率提升到 270 倍。

光學顯微鏡在 1800 年代的基本設計。

## 超顯微鏡

超顯微鏡是由澳洲化學家里夏德·席格蒙迪（Richard Zsigmondy）所發明，可使光束集中穿過名為「膠體」的分散懸浮微粒，讓科學家得以研究當中的粒子。這種顯微鏡的放大倍率可達十萬倍，而席格蒙迪也於 1925 年獲頒諾貝爾獎。

## 位相差顯微鏡

弗里茨·澤爾尼克（Frits Zernike）於 1932 年設計出位相差顯微鏡，讓人類得以觀察透明物質，並將物體放大至近乎原子等級。

## 電子顯微鏡

電子顯微鏡發明於 1931 年，是使用電子束而非光束來放大物體，放大倍率可達 1,000 萬倍。由於使用電子，所以可顯示比光的波長還要小的物體。現代的電子顯微鏡須搭配電腦與相關軟體使用。

## 電子穿隧顯微鏡

電子穿隧顯微鏡（electron tunneling microscope，ETM）由 IBM 於 1982 年發明，是原子級顯微鏡，能以原子維度呈現物體表面，所用技術為量子穿隧。ETM 亦須搭配電腦與相關軟體使用。

### 微觀尺度

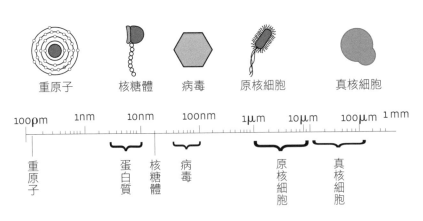

# 微生物學

微生物學研究的是微生物體（microorganisms），包括細菌、病毒、古菌、菌類和原生動物，對於醫學、生化學、生理學、細胞生物學、生態學、演化學和生醫工程等研究領域都相當重要。

微生物有助消化，能製造起司，但也會讓人感冒。如果沒有微生物，人類和世界各地的生態系也不可能存在。微生物數量極大且角色重要，不過某些種類會造成致命疾病。

## 微生物的五種類型

藻類

細菌

病毒

## 古菌、細菌和原生動物

古菌、細菌和原生動物是地球上最先演化而成的有機體，多存活於極端環境，但也有某些在人體內及人體表面提供保護作用。

菌類：酵母與黴菌

原生動物

## 微生物學與醫學在 1796 年和 1929 年間的發展

|  |  |
|---|---|
| 1715 | 孟塔古夫人（Lady Montagu）將土耳其人痘接種術用於自己的孩子身上，讓他們免於天花。 |
| 1796 | 愛德華‧詹納（Edward Jenner）發現天花疫苗。 |
| 1838 | 馬蒂亞斯‧雅各布‧許萊登（Matthias Jakob Schleiden）發現植物是由細胞組成。 |
| 1840 年代 | 伊格納茲‧塞麥爾維斯（Ignaz Semmelweis）發現洗手可以改善疾病傳染現象，但相信他的人不多。 |
| 1850 年代 | 魯道夫‧菲爾紹（Rudolf Virchow）發現細胞會透過繁殖來製造新細胞，換句話說，細胞是源於細胞本身。 |
| 1854 | 約翰‧史密斯（John Smith）發現倫敦蘇活區之所以會爆發霍亂，原因與公用水泵有關。 |
| 1864 | 路易‧巴斯德（Louis Pasteur）發展出巴氏殺菌法（Pasteurization），並提出菌源說（germ theory）──傳染性疾病是由病菌造成，並透過人類傳播。 |
| 1876 | 羅伯‧柯霍（Robert Koch）建立病毒學，並發現不同種類的微生物會造成不同疾病。 |
| 1882 | 范妮‧赫斯（Fanny Hesse）發明瓊脂碟。 |
| 1860 年代 | 約瑟夫‧李斯特（Joseph Lister）發展出消毒用的化學製品，有助減緩疾病傳播。 |
| 1905 | 佛蘿倫絲‧南丁格爾（Florence Nightingale）發現照護病患時的衛生對於減少傳染性疾病而言十分重要。 |
| 1928 | 亞歷山大‧弗萊明（Alexander Fleming）發現世上第一種抗生素青黴素。 |

# 巴氏殺菌

法國化學家路易・巴斯德（1822-1895）發現疫苗對於疾病防治的幫助，以及微生物的發酵機制，並發明了巴氏殺菌法。他突破性的研究拯救了無數生命。

科學研究著重累積與合作。巴斯德之所以能有所成果，須感謝前人的研究。

## 發酵

巴斯德的早期研究顯示，**發酵作用源於活體微生物的活動**。在發酵過程中，糖會分解成乙醇和二氧化碳，可製造葡萄酒與啤酒。

## 菌源說

菌源說是由巴斯德所提出，他認為傳染性疾病係由病菌造成，並透過人類傳播。

醫療機構因巴斯德的**化學家**身分而瞧不起他，也不太願**意接受**他的菌源說，但他仍發展出**疫苗**技術，對**免疫學**知識貢獻良多。

## 疫苗

巴斯德發展出**狂犬病、炭疽病和雞瘟**的疫苗。

## 巴氏殺菌法

巴斯德曾透過實驗證明，將**牛奶沸騰至 140-212°F** 後放在曲頸燒瓶中冷卻、沉澱，可防止微生物生長，燒瓶內的液體也不會變質；但燒瓶如果破裂，微生物就會滋長。燒瓶因為有曲頸，所以能防止微生物進入，這也是馬桶採用 S 形曲管的原因。

至今，**巴氏殺菌法**仍持續用於**延長食品的保存期限**。

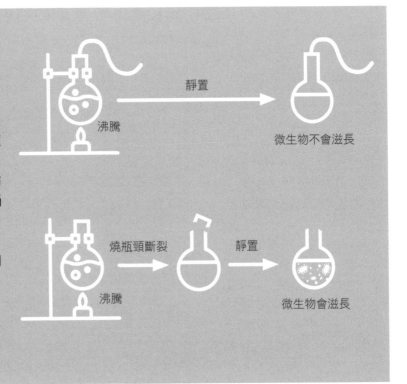

沸騰　靜置　微生物不會滋長

沸騰　燒瓶頸斷裂　靜置　微生物會滋長

# 疫苗

疫苗（vaccination）的作用方式是讓免疫系統暴露於較弱的病原體，
藉此培養系統辨識及抵抗該病原體的能力。這樣的方法可促使免疫力自然產生。

## 天花

造成天花的病毒具高度傳染力，會在寄主身上引起發燒與大片膿疱，因此奪走了數十億人的性命，但 1979 年起已可透過疫苗有效根除。

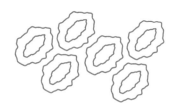

## 人痘接種

據說中國的一位尼姑在 1022 年將天花病患身上結的痂礷碎後，吹進一般人的鼻孔裡，讓許多人對這種疾病產生了免疫力，而類似的方法後來也傳入土耳其。

## 疫苗實驗

詹納（1749-1823）發現，患有牛痘的擠奶女工從來不會染上天花（牛痘和天花都屬於痘病毒），於是在未感染天花的人身上注射牛痘病毒，幾個月後再注射天花病毒，結果所有人都沒有染上天花。

## 接種

· 牛痘在人體內的攻擊性比在牛隻身上弱。

· 使人體暴露於牛痘病毒中，就等於讓免疫系統認識較弱的天花病毒。

· 在這之後，病患若接觸到天花，免疫系統即可識別出病毒並加以攻擊。

## 麻疹、腮腺炎及德國麻疹混合疫苗

麻疹、腮腺炎及德國麻疹混合疫苗（measles, mumps, and rubella，MMR）可保護兒童免於造成麻疹、腮腺炎和德國麻疹的三種嚴重病毒。就 MMR 疫苗與自閉症間的關聯而言，目前並沒有可信證據，也就是說，聲稱二者有關的言論並不正確。自閉症就像眼珠與皮膚的顏色一樣，不是疾病，而是人類多樣性的一部分，因此不應遭受汙名化。

## 人類乳突病毒疫苗

人類乳突病毒（human papillomavirus，HPV）疫苗可抵禦造成子宮頸癌的人類乳突病毒。

## 伊波拉病毒

伊波拉病毒會造成失血死亡，且演化後已能在人體內存活，所以人感染時，病狀會特別嚴重。目前疫苗仍研發中。

# 細菌學

細菌無所不在，有些能保護我們，有些卻會造成疾病；若存在血液中，則可能致命。

細菌是世上最古老的生物體之一，存在已超過 30 億年。地球上多數的原核生物都是由細菌組成。

## 細菌如何生存

細菌不採有性繁殖，而是進行水平基因移轉，因此能迅速演化，對抗生素產生抵抗力。許多細菌都會寄生，主要可分為以下三個種類：

**細菌分類**

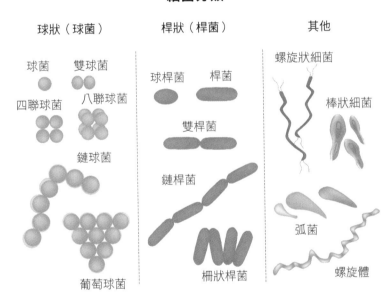

球狀（球菌）

球菌　雙球菌

四聯球菌　八聯球菌

鏈球菌

葡萄球菌

桿狀（桿菌）

球桿菌　桿菌

雙桿菌

鏈桿菌

柵狀桿菌

其他

螺旋狀細菌

棒狀細菌

弧菌

螺旋體

## 細菌的致病力

細菌引起疾病的能力。

## 細菌的抵抗力

耐甲氧西林金黃色葡萄球菌（methicillin-resistant staphylococcus aureus，MRSA）是一種「超級細菌」，已對許多抗生素發展出抵抗力，因此 MRSA 感染比其他細菌感染來得難以治療。

## 細菌感染的後果

· 細菌性腦膜炎
· 肺炎
· 肺結核
· 上呼吸道感染
· 胃炎
· 食物中毒
· 眼部感染

## 殺菌歷史

匈牙利醫生塞麥爾維斯（1815-1865）發現，替病患進行治療後，先洗手再接待下一位病人，有助防範疾病傳染並減少死亡案例，因而發展出殺菌程序，成為此領域的第一人。當時，醫界人士認為他暗示醫生可能造成疾病傳播，因而對他的說法十分憤怒，也拒絕洗手，但塞麥爾維斯說的並沒有錯。

英國外科醫生李斯特（1827-1912）發展出手術消毒法，讓醫生在進行重要手術時，能降低感染與死亡風險。

英國社會改革家、護士兼統計學家南丁格爾（1820-1910）讓受傷的士兵不再因傷口感染而喪命。她的照護手法證明了清潔的重要性。

107

# 病毒學

就許多層面而言，病毒並沒有生命，只能視為細胞內寄生物，沒有寄主就無法繁殖、蔓延。

## 病毒

病毒可能造成一般感冒、肝炎、肺結核、H1N1（豬流感／禽流感）、狂犬病、愛滋病、伊波拉、HPV（皰疹）、流行性感冒、麻疹和水痘。

· 病毒是包覆在蛋白質中的 DNA 或 RNA 片段。
· 病毒會挾持宿主 DNA，並透過細胞機制來繁殖。
· 病毒能感染所有生物體，包括細菌、蟲子與植物等等。

## 種類

病毒的大小從微米到奈米等級都有。

## 病毒的致病力

病毒引起疾病的能力，可能隨時間增強或減弱。

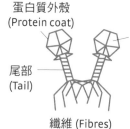

蛋白質外殼 (Protein coat)
內含核酸與 DNA(Nucleic acid and DNA inside)
尾部 (Tail)
纖維 (Fibres)

**病毒結構與生命週期概覽**

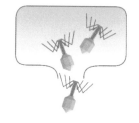

## 人類免疫缺陷病毒：愛滋元兇

自 1930 年代起，全球約有 7,000 萬人感染愛滋，且當中已有 3,500 萬人喪命。在人體免疫缺陷病毒（human immunodeficiency virus，HIV）的歷史中，許多人都因為愛滋病的汙名而遭到社會漠視，受到不公對待，並蒙受許多損失。其實現在 HIV 已不再等於死刑，但前提是必須正確用藥。

法國病毒學家法蘭索娃絲·巴爾-西諾西（Françoise Barré-Sinoussi）和呂克·蒙塔尼耶（Luc Montagnier）因共同發現 HIV，而獲頒 2008 年的諾貝爾生理學獎；同年獲得該獎項的，還有發現子宮頸癌致癌病毒 HPV 的哈拉爾德·楚爾·豪森（Harald zue Hausen）。

## 反轉錄病毒

反轉錄病毒（retrovirus）會利用宿主 RNA 繁殖，過程含以下五個步驟：

1. 吸附：噬菌體病毒吸附至宿主細胞。
2. 滲入：病毒將 DNA 或 RNA 注入細胞。
3. 生物合成：病毒 DNA 或 RNA 開始繁殖並形成蛋白質。
4. 成熟期：病毒蛋白質組合成新的病毒。
5. 裂解：新的病毒從細胞釋出。

人體（宿主）與病毒的 DNA 交互作用可能會引發 DNA 或 RNA 互鎖，這樣的遺傳物質不是造成 DNA 突變或損壞，就是會殘留原處；要是互鎖現象發生在生殖細胞（精子或卵子），則殘餘的病毒 DNA 會傳至下一代，但不會產生負面影響。

# 嗜極生物

嗜極生物（extremophiles）生存於人類認知中的極端環境中，不過這種生物究竟是已經適應極端條件？
還是本來就存在於這類環境，只是從較原始的型態演化成現今的樣貌呢？

## 嗜極生物種類

耐輻射嗜極端生物
嗜酸生物：習慣 pH 值 1 到 5 的環境
嗜鹼生物：習慣 pH 值 9 到 14 的環境
高溫生物：可耐受極熱環境
低溫生物：可耐受極冷環境
嗜熱嗜酸生物：習慣既熱酸性又高的環境
耐旱生物：可耐受極乾燥的環境
嗜重生物（嗜壓生物）：可耐受極高壓的
環境
嗜鹽生物：習慣鹽度極高的環境

## 海底熱泉

海底熱泉的水溫可高達 750° F，且會釋放氣體硫
化氫，使多數生物無法存活，但同時也支撐著完
整的生態系，當中包含一種學名為 Picrophilus
torridus 的古菌，還有南極磷蝦及所謂的龐貝蠕
蟲。

## 岩石生物

這種生物生存於地表下的多孔隙岩石內，可見於
南極深處的岩層，不需太陽即可存活，且生物量
比地球上所有的海洋生物還大。

## 古老細菌

科學家曾於 2000 年在地下 1,850 英呎深處的鹽
結晶中，發現 2 億 5,000 萬年前遺留至今的古老
細菌孢子，並讓這些細菌起死回生。

## 緩步動物

大小接近微生物的無脊
椎動物，又稱為水熊蟲
或苔癬小豬，可存活於
太空的真空環境，也能
切換至停滯（假死）模
式，可承受的壓力是大
氣的 6,000 倍。

## 太空

細菌無法生存於太空的真空環境，但可以藏匿
於空腔，免受輻射傷害。肉毒桿菌形成的孢子
可在太空存活。

## 天體生物學

天體生物學結合地球化學、生物化學、天文
學、地球物理和生態學，探索生命的起源、早
期演化史，以及生物未來的發展。「嗜極生物
是否能在太陽系或宇宙的他處演化」，是太空
生物學家常探討的問題。

## 土衛二與木衛二

土衛二和木衛二的表面都覆有液態的水，位於
殼狀的冰層底下，情況與地球上的某些海洋類
似。

## 火星

火星上或許曾有生命，但就現在的輻射與條件
而言，生物並無法存活。

# 生物材料

生物材料（biomaterials，又稱生醫材料）會與生物系統產生交互作用，有些則是由生物系統合成，一般用於藥品製造，目前也越來越頻繁地應用在建築、設計與織物等領域。

## 生物礦物

生物系統產生的礦物，如骨骼、羽毛、象牙和貝殼。生物體製造生物礦物的目的為自我保護與強化，以及感知周遭環境。許多生物都會製造這種礦物：

- 矽酸鹽：海綿、藻類與矽藻類。
- 碳酸鹽：無脊椎貝類。
- 磷酸鈣及碳酸鹽：脊椎動物。
- 銅與鐵：某些細菌。

### 貝殼與珊瑚礁

珊瑚礁與貝殼會將溶解的碳轉化為碳酸鈣（$CaCO_2$），藉此合成堅固結構。酸性物質會溶解 $CaCO_2$，所以海洋酸化會對這些生物造成威脅。

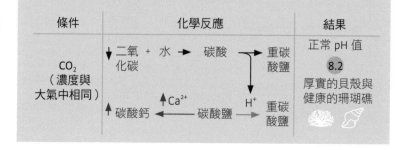

| 條件 | 化學反應 | | 結果 |
|---|---|---|---|
| $CO_2$（濃度與大氣中相同） | ↓二氧化碳 + 水 → 碳酸 ↑碳酸鈣 ← ↑$Ca^{2+}$ 碳酸鹽 | 重碳酸鹽 $H^+$ 重碳酸鹽 | 正常 pH 值 8.2 厚實的貝殼與健康的珊瑚礁 |

## 羥磷灰石

這種複雜晶體（$Ca_5(PO_4)_3(OH)$ 或 $Ca_{10}(PO_4)_6(OH)_2$）能沿壓力方向強化，在骨骼結構中很重要。嬰兒剛出生時，膝蓋骨很脆弱，一直到開始學走路後，膝蓋軟骨才會因為羥磷石灰的物質特性而鈣化（形成含有鈣的晶體）、變硬。

## 水母

水母倚賴鑲嵌於特殊膜體蛋白質中的 $CaSO_4$ 粒子來感知地球的重力場，藉此達到定向目的。

## 趨磁細菌

趨磁細菌存活於水中，種類眾多，會沿地球磁力線移動。之所以會有這樣的性質，是因為 $Fe_3O_4$ 晶體中的鐵（Fe）具有鐵磁性。

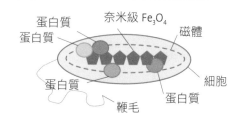

蛋白質 奈米級 $Fe_3O_4$ 磁體
蛋白質 磁體
細胞
蛋白質 蛋白質
鞭毛

## 平衡感

人類內耳中的骨頭控制我們的協調與平衡。

## 生物設計

生物設計領域探索的是將自然納入設計，以及利用自然現象的方式。

舉例來說，設計師娜彩・奧黛莉・奇薩（Natsai Audrey Chieza）就進行了相關研究，使用可將織物染色，但不會產生毒性副產物的細菌來製造染料。

# 真菌

真菌既非動物，也不屬於植物，是種奇妙的有機體，
可由多細胞組成，也可以是單細胞（如酵母）。

- 約十億年前由原生動物演化而來。
- 一般認為共有 150 萬個物種。
- 其中有 12 萬種已列入分類學。
- 有些能吃，但許多種類有毒。

## 繁殖

真菌又稱為接合菌，會釋放有性或無性的孢囊孢子，以進行
有性或無性繁殖。真菌沒有性別，只有交配型，且某些真菌
的交配型多達數百種；至於
繁殖所需時間則從幾秒
到幾百年都有。

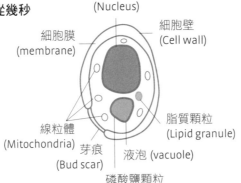

細胞核
(Nucleus)

細胞壁
(Cell wall)

細胞膜
(membrane)

脂質顆粒
(Lipid granule)

線粒體
(Mitochondria)

芽痕
(Bud scar)

液泡 (vacuole)

磷酸鹽顆粒
(Phosphate granules)

## 真菌的生存策略

- 分解：分解木頭等各種物質。
- 互利共生：內嵌於根系組織，幫助植物吸收營養，稱為菌根，對生態系與農業而言都不可或缺。
- 寄生：仰賴活體寄主生存，但終究會使寄主死亡。
- 掠食：以菌絲擷取獵物。

## 子實體

「子實體」是真菌製造孢子的器官。

## 真菌進食

真菌會分泌效果極強的酵母，讓必要的合成物釋放到周遭環境，藉此攝入腐爛物質。所有真菌都是異營生物（無法自行製造食物）。

## 菌絲

菌絲（hyphae）是絲狀結構，會環繞真菌的食物生長，當中的幾丁質（甲殼素）是同樣存在於貝殼和外骨骼的醣類。

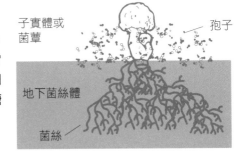

子實體或
菌蕈

孢子

地下菌絲體

菌絲

## 真菌 - 細菌之戰

真菌和細菌爭奪相同資源時，會陷入分子維度的戰爭。

## 菌絲體

網狀菌絲，可擴大吸收食物的表面積，是真菌的主體，存在於地底下，滋養真菌，同時維持土壤的結構與健康。

## 真菌感染

真菌可感染人類、動物與植物，其中，穀物的真菌感染對農業而言是一大威脅，而全球暖化則會提高真菌感染的風險。

# 青黴素的發現

在 1800 年代，死亡人口中有 25% 都是死於肺結核；
甚至到了 1940 年代，人類都還是可能僅因被玫瑰劃傷，就死於敗血症（血液中毒）。

在 1928 年，細菌學家**亞歷山大‧弗萊明**（Alexander Fleming）發現實驗室一個置有葡萄球菌的瓊脂碟被黴菌汙染，同時也注意到黴菌產生了一道無菌屏障。

科學家**霍華德‧弗洛里**（Howard Florey）和**恩斯特‧柴恩**（Ernst Chain）讀到弗萊明的研究論文後，於二戰期間與生化學家**諾門‧希特利**（Norman Heatley）一同進行青黴素實驗。當時實驗裝置難尋，所以他們**自行建置設備，從舊書櫃和牛奶甕中抽取出了青黴素**。

到了 1940 年 9 月，一名叫**亞伯特‧亞歷山大**（Albert Alexander）的男子意外被玫瑰劃傷，結果臉部感染腫脹，還引發壞血病。弗洛里和柴恩詢問後將青黴素試用於亞歷山大臉上，結果他**很快地開始好轉**，可惜的是，**他還沒能痊癒，青黴素就用光了**。

**青黴素的培養和提煉程序困難**，但科學家改用不同的黴菌株後，便開始製造足夠的量，戰爭結束時，眾人已不再因細菌感染而死亡。

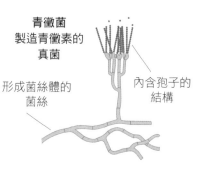

青黴菌
製造青黴素的
真菌

形成菌絲體的
菌絲

內含孢子的
結構

## 青黴素的發展

「沒有弗萊明，就沒有弗洛里和柴恩；沒有柴恩，就沒有弗洛里；沒有弗洛里，就沒有希特利，而沒有希特利，就不會有青黴素。」——亨利‧哈里斯（Henry Harris）教授曾於 1998 年這麼表示。

## 對抗生素的抵抗力

弗萊明曾提出警告，表示抗生素如果未能謹慎使用，可能會使細菌衍生出抵抗力。抗生素必須一直投放直到感染情形完全消除，且不能濫用。但農業領域及人類對於抗生素的過度使用已導致細菌產生了抵抗力。目前，細菌已能：
1. 分解抗生素藥物中的酶
2. 改變原先被當成抗生素攻擊目標的細菌蛋白質
3. 改變細胞膜的組成

## 結構

科學家霍奇金於 1945 年發現**青黴素的結構中含有「內醯胺環」**。青黴素能依附於細胞膜上，藉此殺死細菌。

| 青黴素結構 | R 基團 | 藥名 |
|---|---|---|
| | $-CH_2-\bigcirc$ | 青黴素 G |
| | $CH_2-O-\bigcirc$ | 青黴素 V |
| | $-CH-\bigcirc$ $CH_2$ | 胺苄青黴素 |
| | $-CH-\bigcirc-OH$ $CH_2$ | 阿莫西林 |
| | $CH_3O$ $CH_3O$ | 甲氧西林 |

內醯胺環

## 過敏

對某些人而言，青黴素可能會造成嚴重的過敏反應。

# 光合作用

光合作用是植物製造食物的化學過程。
植物為自營生物，可產生自身所需的營養。

## 植物細胞結構

植物細胞具有硬質細胞壁，也含有色素體，而葉綠素就是葉綠體這種色素體中的染料。葉綠體是一種胞器，會吸收光子並轉化為能量。

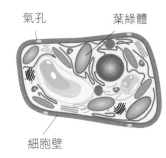

氣孔　　　　　　葉綠體

細胞壁

葉綠體結構複雜，具有脂質雙層膜，也就是含有內腔與葉綠素、且會堆積成「葉綠餅」結構的類囊體；至於類囊體周圍則存在基質。

## 葉綠素

葉綠素有 a（$CH_3$ 分子）與 b（CHO 分子）兩種型態，二者皆屬穩定，且會輪替使用單鍵和雙鍵，讓電子軌域沿著中央的鎂原子移動。正因如此，葉綠素才具有優良的感光效果。

光子進入植物後，會在葉綠體中觸發光合作用的第一階段，使水分子分解，隨後暗反應也會開始，結束後即代表光合作用全部完成，產物為糖與氧氣。完整的反應如下所示：

太陽能

光合作用

$$6CO_2 + 6H_2O \longrightarrow C_6H_{12}O_6 + 6O_2$$
二氧　水　　　　　　葡萄糖　氧氣
化碳

植物僅吸收紅光，且會反射綠光，所以我們看起來會覺得是綠色。叢林深處的許多植物葉片內含有紅色或紫色染料，因此會將紅光反射回葉子之中，增加可用於光合作用的光子。

## 植物組織結構：C3、C4 與 CAM

不同植物的組織結構不同，原因在於生長環境的氣候各異，以及行光合作用時「固定」（同化）二氧化碳的方式不一。

**C3**：多數植物。透過呼吸作用揮發水分，並在卡爾文循環（Calvin cycle）中進行碳固定；反應中使用的酶為核酮糖雙磷酸羧化酶。

**C4**：熱帶草類。揮發的水比 C3 植物少，在細胞質中進行碳固定；所用的酶為磷酸烯醇丙酮酸羧化酶。

**CAM**：多肉植物、鳳梨、仙人掌。用水節省，僅在夜間進行碳固定；所使的酶為磷酸烯醇丙酮酸羧化酶。

葉綠素 a, R = $CH_3$
葉綠素 b, R = CHO

## 藍綠菌

生存於水中的細菌，多樣性高，會行光合作用以產生能量，是世上唯一的自營性原核生物。光合作用最早發生於 24 億 5 千至 23 億 2 千年前，是因為細胞將藍綠菌吞入（稱為「內共生」作用）而發展而成。

# 多細胞體

在多細胞生物體中，不同細胞會相互倚賴，且各有專司，因此能共同支撐整個有機體。

## 多細胞體的演化過程

單細胞生物最早大約出現於 35 億年前，當時地球僅存在十億年而已；至於多細胞生物則進行了多次演化，才發展出植物、動物與真菌等不同物種。

下列數點為多細胞生物演化過程中的必要步驟：
1. 細胞黏附在一起
2. 細胞間進行**分子維度的溝通與合作**，進而形成**細胞特化現象**
3. 組織從「簡單」轉變為「複雜」

## 海綿

屬多細胞生物，但內含未分層的單型組織，由不具特化功能的團狀海綿細胞所形成。目前已知的海綿物種大約有一萬種。

## 多細胞發展歷程

· 生殖細胞受精（卵子與精子結合，形成受精卵）後，會分裂、繁殖。
· 型態發生：細胞發展出特定型態。
· 分化：細胞特化成不同類型。

## 簡單生物

**雙胚層無體腔動物**：刺胞動物（水母、珊瑚、水螅及海葵）和其他雙胚層生物有**兩個胚層**。

**三胚層無體腔動物**：具有**三個胚層**的簡單生物，如線蟲、鉤蟲和輪蟲。

**三胚層體腔動物**：此類動物具有名為「體腔」的組織結構（充滿液體的腔室，可容納及保護器官系統），如蚌類、蝸牛及烏賊。

## 複雜動物

不同組織層間會有區隔化的現象，進而促成肋骨、牙齒、腦褶和眼球等各部位的形成。

**環節動物**：水蛭與蚯蚓。

**節肢動物**：具有外骨骼且肢翼分節的無脊椎生物，如甲蟲、蜘蛛、龍蝦和蜻蜓。

**脊索動物**：有脊髓的脊椎動物，如鳥類、動物和魚類。

## 結構複雜度提升

· 外胚層：最外層（殼或皮膚）。
· 內胚層：負責消化。
· 中胚層：器官組織。
· 真體腔：充滿液體的腔室。

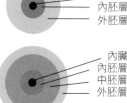

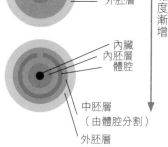

雙胚層無體腔動物，如刺胞動物
- 內臟
- 內胚層
- 外胚層

三胚層無體腔動物，如扁形動物
- 內臟
- 內胚層
- 中胚層
- 外胚層

三胚層體腔動物，如棘皮動物、軟體動物和脊索動物
- 內臟
- 內胚層
- 體腔
- 中胚層（由體腔分割）
- 外胚層

胚層複雜度漸增

# 共生

共生（symbiosis）是物種間的互動關係。物種間因資源而起的競爭是促成生態系多樣性的驅力，但如要避免競爭，也可改採合作一途。共生關係在自然界中隨處可見。

## 種類

寄生：其中一個物種獲利，另一種則受害。

互利共生：雙方皆獲利。

片利共生：其中一種生物獲利，但另一種也不受害。

## 植物透過昆蟲授粉

開花植物會產生昆蟲賴以維食的甜味花蜜，而昆蟲在吸食的時候，會在花朵間移動，所以可達到**授粉效果**，幫助**植物繁衍下一代**。

## 珊瑚與共生藻

珊瑚礁是由水螅體（與水母關係相近）所形成。水螅體有嘴部、觸手與消化道，會將溶解的礦物質攝入，然後與蛋白質結合，慢慢建造出碳酸鈣結構，並居住其中。水螅體可用有刺的觸手捕捉小型生物，再加以消化。形成珊瑚礁的多數水螅體都含有共生藻，這種藻類會在白天吸收所需原料，用於行光合作用並產生氧氣與葡萄糖。產出的葡萄糖可供藻類本身使用及餵養水螅體，而水螅體捕捉到的食物及釋放出的二氧化碳也能反過來供應藻類所需；換言之，珊瑚時時刻刻皆有養分來源，而且神奇的是，**每一代的珊瑚都會吸引新的共生藻**。

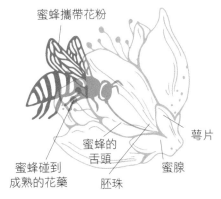

蜜蜂攜帶花粉

蜜蜂的舌頭

蜜蜂碰到成熟的花藥

胚珠

萼片

蜜腺

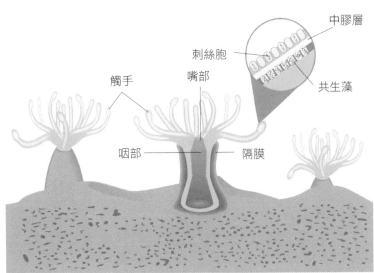

中膠層

刺絲胞

共生藻

觸手

嘴部

咽部

隔膜

## 小丑魚

小丑魚與海葵的互利共生類似水母與珊瑚水螅體之間的關係。海葵的刺可保護小丑魚不受掠食者威脅，而小丑魚可讓海葵免於小型魚類的侵擾，並負責清理工作。至於小丑魚為什麼不怕被海葵刺傷，是因為其身上覆蓋了一層由海葵分泌的特殊黏液。

# 微生物群體

細菌、古菌和真菌等許多微生物都以互利共生的方式生存於其他有機體之中，如果沒有這些微生物，人類也無法存活，畢竟這些生物可保護我們不受感染，也能分解人體攝取的食物，釋放出營養與能量。

人體內有數十億的微生物體，包含細菌、真菌、名為「古菌」的單細胞生物以及病毒，而微生物群體就是這些生物所有基因的總合。保護微生物群體（microbiome）對於人類健康而言非常重要。

## 互利共生

人類與許多微生物間存在**相互倚賴的關係**，這些生物對人體健康極為重要，所以一般常稱做「被遺忘的器官」；微生物群體越多樣化，人就會越健康；相反地，如果僅有某種微生物特別占上風，人體就會遭到**感染並罹患疾病**。

## 食物關係

我們的飲食對微生物群體有很大的影響力，攝取的食物中若含大量纖維，腸道中的物質就能規律排出；相反地，食物如果沒能順暢地排離腸道，則可能腐敗成有毒物質，殺死人類賴以維生的微生物。舉例來說，攝取太多脂肪和糖類就會使消化變慢，讓微生物無法蓬勃生長。

## 數量超過人類細胞

人體內的微生物數量比我們自身的細胞還多，比例大約是 10:1。

## 腸道微生物群體

有時又稱為腸道菌群。如果沒有這些細菌，我們就無法消化食物，並從中取得重要的營養素。腸道細菌的不同菌株具有不同功能，如製造維他命、分解食物、保護人體不受感染等等。

## 皮膚微生物群體

人類的皮膚也存有細菌、真菌、病毒與古菌，這些菌群如果不平衡，就可能會引發皮膚感染、自體免疫疾病和青春痘。

**慢性疾病金字塔**

微生物相共生

微生物相失調

**腸道微生物相金字塔**

食物中毒之所以會發生，是因為新種類的細菌造成微生物群體失調。

# 演化

生物族群在基因與遺傳特徵方面的累積性改變。
演化的重點不是使生物變得越來越「複雜」，而是提升多樣性。

## 物種起源

在**達爾文**（1809-1882）以前，許多科學家都曾注意到**物種會隨時間變化**：從蛾翅上的圖樣到蟹殼上的花紋，都有這樣的現象。阿拉伯學者**賈希茲**（Al-Jahiz，776-868）發現**競爭與掠食關係**的改變和時間及地理位置有關，而達爾文的貢獻則在於他 1859 年的作品《**物種起源**》（*On the Origin of Species*）和**物競天擇**的概念，但其實在那之前，**阿爾弗雷德·羅素·華萊士**（Alfred Russel Wallace，1823-1913）就已在探索相同的觀點。

## 共同祖先

人類與黑猩猩有 **98.4%** 的 DNA 相同，但我們卻常誤以為人的演化程度比猩猩高。其實兩個物種都是在約 700 萬年前由共同祖先演化而來。鯨魚、殺人鯨、海豚和河馬、牛、羚羊也是在大約 5,500 萬年前由共同祖先演化而成。

### 物競天擇理論重點
- 生存與繁殖能力會受許多特徵影響。
- 族群中的**遺傳性特徵**會隨時間改變。
- 各族群中都存有**變異**。

「適者生存」這樣的說法經常造成誤解，其實並不是只有最強的生物能夠生存，只不過強弱不同的生物在特定環境的生存狀況與繁衍後代的能力會有差異。

## 有羽毛的恐龍

**三疊紀 - 侏儸紀大滅絕**在 2 億 130 萬年前發生，某些瘦小的有羽恐龍活了下來，這些物種就是現代鳥類的共同祖先。鱷魚的祖先也和鳥類相同。

## 適應

物種會透過**遺傳性特徵**來適應環境，而存活力較強的生物就比較有機會繁衍下一代。達爾文在 1835 年探索加拉巴哥群島後，發現每個島的磺鶲物種為了適應島上的生態系及食物，而發展出不同形狀的鳥嘴。

| 鱷目 | 鳥臀目 | 蜥腳下目 | 角鼻龍類 | 暴龍屬 |

| 似鳥龍類 | 恐爪龍下目 | 始祖鳥 | 鳥類 |

# 基因與突變

生物死前若未繁衍出任何後代，體內的基因（genes）就會從基因庫中消失；
相反地，物種如果繁衍出許多後代，其基因就會穩定地留存在基因庫中。

## 基因學術語
- 等位基因：以許多形式存在的基因。
- 基因型：控制特定性狀的基因。
- 表現型：實體上的特徵。

## 逢機突變

基因突變對生物體可能有用、無用，甚至有害，沒有規則可循，會在生物將遺傳性適應特徵傳給下一代的過程中隨機發生。生物可能會因逢機突變而獲得有利生存的特徵。

## 基因漂變

漂變（drift）會隨著生物適應與逢機突變發生。所謂漂變，是指等位基因出現頻率的隨機變化，因此這種基因經常與小型族群中隨機消失的特徵有關。

## 環境影響

表現型特徵源於表現基因型與環境影響。19 世紀時，淺灰色的斑點蛾原本可不露痕跡地藏匿於覆有地衣的樹上，但因工業區的霧霾和汙染物使地衣無法生存，導致樹木變黑，淺灰色的蛾也變得難以藏匿，因而較容易被掠食。換言之，天擇壓力有利顏色較深的蛾生存。

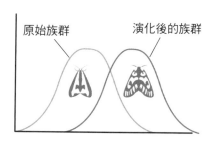

原始族群　　演化後的族群

## 遺傳性特徵

有些特徵為「隱性」，有些則是「顯性」。顯性基因型比較容易遺傳，但顯性特徵的改變（如運動練出的肌肉）則不會遺傳；即使父母常健身，生出的孩子也不會滿身肌肉。在環境與遺傳性的影響之下，天擇會驅動特徵的傳遞。

## 表觀遺傳學

表觀遺傳學著重研究一代傳一代的基因表現模式。在孕期的不同階段，壓力可能會因表觀遺傳而傳給胎兒。

### 表觀遺傳機制

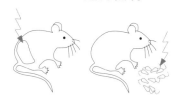

產前壓力　　　產後壓力

原始族群樣本　　　　　　後代

## 寵物的演化

人類在 5,000 多年間，透過選擇性育種，把狼變成了聖伯納犬和吉娃娃。對所有動物而言，近親繁殖都會造成嚴重的健康問題。

# 動物學

動物學研究活體生物生存、適應棲息地，以及與其他生物競爭、共存的方式；
比較解剖學則著重比較不同物種的構造。

## 動物學分類

對於需要進行比較式研究的生態學者和科學家而言，生物的分類十分重要。**分類方式會反映出演化關係。**

節肢動物
脊椎動物
脊索動物

在分類學中，物種可分入以下類別：

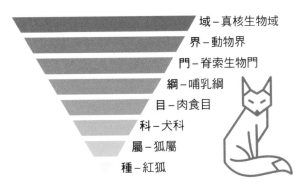

域－真核生物域
界－動物界
門－脊索生物門
綱－哺乳綱
目－肉食目
科－犬科
屬－狐屬
種－紅狐

## 形態學

形態學研究的是**身體尺寸與形狀等結構上的特徵**，譬如**海豚**和**魚龍**（已絕種的恐龍）的身體結構就十分相似。魚龍是大約 2 億 5,000 萬年前的生物，生活於水中，從殘餘至今的化石看來，可判定牠們有鰭，是掠食者，而且和現在的海豚一樣是**胎生**；不過就基因而言，**魚龍與雞的關係較近；海豚則和兔子比較像。**

## 骨骼形態學

只要比較不同生物的上肢，就能了解這些生物共同的原始骨骼結構是如何隨時間演化，**以實現飛、爬和游泳等特定功能。**這樣的變化可與演化宗譜中的基因證據相互呼應。

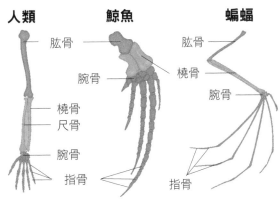

**人類**　　　**鯨魚**　　　**蝙蝠**

肱骨
腕骨
橈骨
尺骨
腕骨
指骨

肱骨
橈骨
腕骨
指骨

## 趨同演化

有些物種的**身體部位很像，但並不完全相同**，譬如企鵝和海豹的構造就很類似，兩者的體型和鰭肢都相當大，而且新陳代謝方式也都有所調整，以利在寒冬中生存。這些相似處讓我們得以深入了解極圈生態系的存活條件和演化過程。

## 組織類型比較

動物用於移動和進食的身體部位各不相同，但食物一旦進入身體後，許多動物的細胞都是以相似的方式來處理營養素。有些動物細胞已發展出特殊模式，可在**休眠或遷徙**（如鳥類）時改變新陳代謝方式，以作為適應機制。

# 繁殖與複製

某些物種採無性生殖，某些則會發生性行為；雙胞胎是源於自然分裂而成的細胞。

## 生殖細胞或配子細胞

- 生物體用於繁殖的細胞，如真菌的孢子，以及脊索動物的卵子與精子。
- 配子細胞（gametocytes）有一對染色體是「單套」。
- 人類生殖細胞含有 23 條染色體。

## 體細胞

- 生物體內的細胞為「體細胞」（somatic）。
- 人類體細胞有 46 條染色體。
- 46 是「單套」染色體數量的兩倍。

## 有絲分裂

指細胞複製基因物質後分裂的過程，目的為擴增及修復組織。

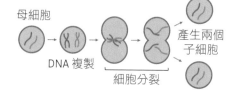

母細胞 → DNA 複製 → 細胞分裂 → 產生兩個子細胞

## 減數分裂

使染色體數量減半的特殊細胞分裂，發生於有性生殖的單細胞和多細胞真核生物，如動物、植物和真菌。這些生物的生殖細胞都會進行減數分裂。

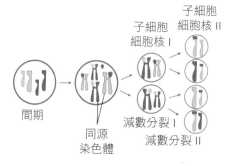

間期 / 同源染色體 / 子細胞 細胞核 I / 子細胞 細胞核 II / 減數分裂 I / 減數分裂 II

## 交配習性

- 雄性天堂鳥會跳複雜的交配舞。
- 蝸牛是雌雄同體（同時擁有雄性與雌性器官）。
- 雌性鮟鱇魚在交配後會與雄魚融合。
- 雌性螳螂會吃掉雄性配偶。
- 雄性長頸鹿會喝雌性長頸鹿的尿，判定對方是否已準備好交配。
- 有些昆蟲會無性繁殖，也就是孤雌生殖。
- 許多魚類都會變換性別，如金黃突額隆頭魚、小丑魚和虎魚。
- 多數的雌性猛禽類（如老鷹、鷹隼和貓頭鷹）體積都比雄性大。
- 海豚將同性性行為當做娛樂。

## 人類與性

性行為常與情歌、性傳染病、嬰兒和社會歧視掛勾，可說是充滿地雷的話題。有些人是同性戀，有些則是異性戀、雙性戀、泛性或無性，這些都是自然現象。性能使人愉悅，某些人只有單一性伴侶，某些人則不然，但重點是，性行為必須在合意的狀況下進行，當中的所有人都必須已達法定年齡，且具備充足認知，同意參與性交。

## 雙胞胎

- 同卵雙胞胎是「同卵雙生」，也就是來自同一顆卵，是細胞自然分裂的結果。
- 異卵雙胞胎是出生自兩個分開受精的卵。

# 幹細胞

幹細胞（stem cells）是未分化的細胞，可發展並特化成任何類型的身體細胞。
目前科學家已開始研究幹細胞療法，
希望未來能以幹細胞來替換因受傷或疾病而毀損或遭抹滅的細胞與組織。

人體中的多數細胞皆已針對特定功能特化，且需要替換，如肝細胞、視網膜細胞和血液細胞等皆是如此。

## 成人幹細胞

· 多能細胞（pluripotent cells）：在人體中非常少，位於不同組織，如牙齒、骨髓和血管。多能細胞會分化成周遭的細胞。

· 多潛能細胞（multipotent cells）：較為常見，但能夠轉換而成的細胞種類也較為侷限。

## 胚胎幹細胞

胚胎發展早期的細胞。卵子受精後，染色體數會變成原先的兩倍，接著細胞就會開始減數分裂（分裂後複製），進行到一定程度時，會變成胚胞，而胚胞內便是胚胎幹細胞。

受精卵

雙細胞階段

4 細胞階段

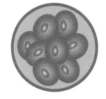
8 細胞階段

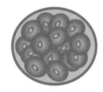
16 細胞階段

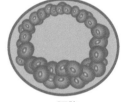
胚胞

## 體外人工受精

體外人工受精（in vitro fertilization，IVF）技術有助懷孕，目前也已用於幹細胞研究，不過前提當然是捐贈者必須同意。

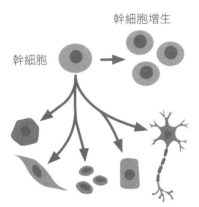
幹細胞增生

幹細胞

特化細胞

## 幹細胞研究

目前少數幹細胞療法的安全性與可靠性已獲得證實，但科學家仍持續研發新技術，希望能用幹細胞修復或替換罹病或損壞的細胞。原則上，幹細胞可置入肝部來取代原先的肝細胞，但如何固定幹細胞的位置仍是個問題。

# 人體系統

人體結構中有 11 個主要系統，所有系統間都會相互作用。

## 各自負責特定功能的系統

- 心血管系統：心臟、靜脈與動脈；紅血球沒有細胞核，負責攜帶氧氣；另外還有白血球、血漿和血小板。
- 呼吸系統：肺臟中的肺泡可讓 $CO_2$ 和 $O_2$ 透過擴散作用進行氣體交換。
- 消化系統：包含從嘴部到肛門的消化道及肝臟。
- 腎臟系統：包含腎臟及膀胱，負責將毒素從血液中濾出。
- 神經系統：細胞能傳送及感知電子訊號。
- 內分泌系統：包含身體自律所需的荷爾蒙系統、腎上腺和腦垂體、胰臟、卵巢、甲狀腺、大腦、睪丸和胸腺。

- 免疫系統：白血球（也就是淋巴細胞，分為 T 細胞、B 細胞和 NK 細胞）、嗜中性白血球、單核白血球／巨噬細胞，以及脾臟細胞。
- 皮膚系統：毛髮、指甲和皮膚細胞，當中的分層包含脂腺、脂肪細胞、帶有黑色素的皮膚細胞與汗腺。
- 骨骼系統：骨原（骨骼生成）細胞會發展為成骨細胞，而成骨細胞則會製造生物礦物性骨基質，並形成骨細胞。
- 肌肉系統：當中的細胞具有「收縮性」蛋白質，可讓肌肉伸縮。
- 生殖系統：內外生殖器官。

## 複雜的骨骼組織

海綿骨
骨骺線
骨膜
密質骨
骨髓腔
黃骨髓

## 複雜的皮膚結構

毛幹
表皮
真皮
皮下層
靜脈
動脈
毛囊
豎毛肌
網狀結締組織
脂肪結締組織

## 細胞特化

成人體內共有 200 多種細胞。內含多種類細胞的生物一開始是受精卵，以人類為例，受精卵需要四天的時間才會變為成骨細胞，這時，原本同質的細胞團也會開始分裂、複製，然後就會專化（specialize）成特殊細胞，如器官的組織細胞。

## 基因表現

特化體細胞內的 DNA 全部相同，但每個細胞都必須正確讀取 DNA 的特定片段，才能合成適當的蛋白質以實現特化功能。細胞對於特定基因的活躍使用，就是所謂的基因表現。

# 人體解剖學

解剖學研究人類的器官系統、人體部位、各個組織，以及上述各項間的關聯。

---

## 解剖方式

· **系統式解剖**：以系統為研究單位。
· **部位式解剖**：以部位為研究單位。

## 解剖平面

解剖學家會透過**解剖平面**來討論身體各部位的特殊結構。

### 表體解剖學

表體解剖學主要研究皮膚與肌肉骨骼系統，著重從外部觀察即可了解的構造。

## 肌肉命名方式

肌肉的名稱看似複雜，但其實有下列的基本命名規則可供遵循：

· 大小
· 形狀
· 位置
· 肌肉纖維的方向
· 肌肉運動
· 肌肉起始點
· 起點與終點
· 肌肉功能

## 肌肉運動

解剖學家會使用特定字詞描述肌肉交互運動的方式。
**前突**：向前運動

**後縮**：向後運動
**外展**：向外運動
**內收**：向內運動
**屈曲**：收縮運動
**伸展**：外闊運動
**內旋**：下壓或後轉
**外旋**：上舉或前轉
**上舉**：手或腳舉起
**下壓**：手或腳下壓
**旋轉肌**：具旋轉功能
**括約肌**：開啟和閉合時呈環狀

## 肌肉大小

**大**（maximus／magnus）：肌群中最大的肌肉
**小**（minimum）：最小
**長**（longus）：最長
**短**（brevis）：最短
**闊**（latissimus）：最寬

## 肌肉形狀

**斜方肌**：斜方形的肌肉
**三角肌**：三角形
**鋸肌**：鋸齒狀
**闊肌**：平寬狀

## 肌肉方向

**直肌**：纖維與中線或脊椎平行
**斜肌**：纖維與中線或脊椎形成特定角度
**橫肌**：纖維橫跨中線或脊椎

## 肌肉起點（骨骼或交點處）的數量

Bi：2
Tri：3
Quad：4
譬如：二頭肌（biceps）、三頭肌（triceps）和四頭肌（quadriceps）。

## 功能

依功能命名的肌肉舉例如下：
**咬肌**：負責咀嚼的肌肉
**笑肌**：負責笑的肌肉

## 位置

**內側**：靠近人體中軸
**外側**：較靠外側

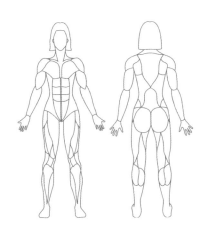

# 免疫學

免疫系統可打擊具有感染性的生物，以保護人體。

## 抗原／病原

會刺激免疫反應的生物體或粒子。

## 抗體

抗體是一種蛋白質，會附著於病原體。免疫球蛋白是血漿細胞製造的 Y 狀大型蛋白質，可中和病原體。

## 淋巴細胞

淋巴細胞是白血球，會透過吞噬作用消滅病原體，可分為 T 細胞、B 細胞、NK 細胞、嗜中性白血球、單核白血球以及巨噬細胞。

## 後天性免疫

病毒或細菌進入人體後，免疫系統就會啟動，其中的 B 細胞和 T 細胞專門負責攻擊抗原，可以辨識先前抵禦過的微生物。

### 抗體的構造

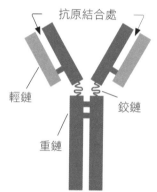

抗原結合處

輕鏈

鉸鏈

重鏈

### 抗原

· 抗原是外來物體的蛋白質，會激發免疫系統產生抗體。
· 會觸發免疫反應的病毒、細菌和毒素等等。

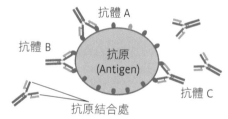

抗體 A

抗體 B

抗原 (Antigen)

抗體 C

抗原結合處

## 免疫系統分布

免疫系統分布於身體各處：
· 淋巴結：淋巴球細胞位於淋巴結內，可辨識病原體。
· 白血球細胞：會攻擊病原體。
· 骨髓：血球製造處。
· 肺部絨毛：以實體障礙除去病原體，或防止病原體移動。
· 皮膚：提供屏障。
· 胃部：胃酸會殺死細菌。
· 脾臟：保護人體不受細菌感染。

## 免疫系統研究

· 癌症免疫療法
· 免疫調節作用
· 病毒免疫生物學
· 發炎症狀研究
· 腫瘤免疫學

## 免疫系統疾病

· 自體免疫疾病：免疫系統反應過度，導致身體攻擊並摧毀自身組織，如過敏反應、關節炎、第一型糖尿病、牛皮癬、乳糜瀉、狼瘡和嗜睡症。
· 免疫缺乏：免疫力不足，無法防禦病原體並保護身體，會使人容易遭受感染。
· 癌症：癌症分子相當聰明，會躲避免疫系統；這種細胞如果在人體內以不受控的方式增長，就會造成癌症。
· 衛生假說：太過乾淨反而會妨礙免疫系統運作。

# 血液循環

血液是種複雜液體，當中有一半是血漿（由水、鹽和蛋白質組成），並含有紅血球、白血球和血小板。

## 血球

多數的紅血球、白血球及血小板都是在骨髓內製造。

血漿（55%）
白血球和血小板（<1%）
紅血球（45%）

· 白血球（白血細胞）：主要種類為 B 細胞和 T 細胞；白血球是免疫系統的一部分。
· 血小板：在皮膚割傷或刺傷時幫助血液凝固（變稠），使皮膚結痂。
· 紅血球（紅血細胞）：攜帶氧氣在體內循環；結構特殊，可最大化表面積，增加氧氣吸收量；至於負責結合氧氣的，則是名為血紅素的蛋白質。紅血球沒有細胞核，所以無法進行減數分裂。

細胞膜
血紅素
凹曲表面

骨頭
形成血球
骨髓
脂肪細胞

## 血液循環

英國醫生威廉·哈維（William Harvey，1578-1657）發現心臟會將血液壓送至身體各處。

富含氧氣的血液：從肺部流入心臟，然後流至身體各處

缺乏氧氣的血液：從身體各處流回心臟，然後流往肺部

他發現靜脈具有特殊的 V 形瓣膜，可讓血液沿單一方向循環；另外，他也發現動脈和靜脈的功能不同：
· 動脈：將血液帶離心臟，送往身體各處。
· 靜脈：將血液從各器官帶回心臟。

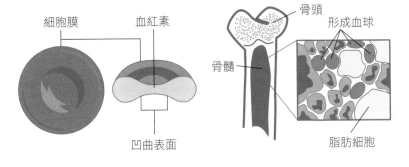

## 雙系統

人體循環由雙系統負責，其中一個是心和肺之間的系統，另一個則由心臟和其他器官構成。
· 肺循環：血液流向肺部，並透過呼吸充氧。
· 體循環：血液壓離肺部，將氧氣與營養透過擴散作用提供給各組織。

## 呼吸

· 吸氣：氧氣透過肺部內的肺泡擴散後，血液中的血紅素會吸收氧氣。
· 呼氣：二氧化碳從肺泡擴散而出，藉此離開血液。

# 寄生蟲學

寄生蟲學是研究寄生蟲的領域。寄生蟲（parasites）可以是單細胞，也可以是多細胞。

---

## 外寄生與內寄生

外寄生物會從皮膚或外部影響寄主，**內寄生物**則是從內部產生影響。

## 蛇形蟲草屬生物

指會**使昆蟲感染**的寄生真菌。起初會和平地在昆蟲體內攝食，一旦到了需要釋放孢子的時候，就會控制昆蟲的腦，使其移動到溼潤的環境，然後破腦而出。

## 寄生蜂

· 會在其他節肢動物（如毛毛蟲）的身上或體內下蛋。
· 蛋裡孵出的幼蟲會釋放荷爾蒙，控制毛毛蟲的生長。
· 幼蟲一旦做好準備，就會**癱瘓毛毛蟲**。
· 接著，內寄生蜂幼蟲會挖洞爬出毛毛蟲的身體。

## 沃爾巴克氏體

會感染球潮蟲和瓢蟲等球鼠婦屬生物，並透過卵細胞（配子）傳播的寄生細菌。沃爾巴克氏體（Wolbachia）會將基因型為雄性的生物轉為雌性，藉此寄生到更多卵中。昆蟲寄主的性別比例會因而失衡，不過球鼠婦屬生物可化為雌雄間體，以避免滅絕。

## 寄生蟲也有益處

沃爾巴克氏體會寄生在**蚊子**身上，因此目前已用於控制**茲卡病毒、登革熱和黃熱病**，方法是讓這種寄生蟲在蚊子體內與病毒爭奪營養分子，使病毒難以生長。

## 瘧原蟲

· 會造成瘧疾。
· 會先感染蚊子，再由蚊子傳染給人類。
· 會感染肝臟與紅血球，造成發燒、疲憊、嘔吐、頭痛、癲癇與死亡。
· 光是在 2017 年，就有 43 萬 5 千人死於瘧疾。

## 屠呦呦發現青蒿素

屠呦呦生於 1930 年，是中國製藥化學家。她在進行了廣泛研究後，使用傳統中醫技術從青蒿中萃取出了青蒿素，也就是可以抑制瘧原蟲的合成物。這項成就讓她在 **2015 年獲得了諾貝爾醫學獎**。

### 青蒿素分子結構

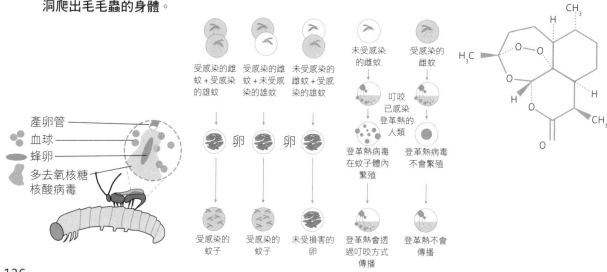

產卵管
血球
蜂卵
多去氧核糖核酸病毒

受感染的雌蚊 + 受感染的雄蚊　受感染的雌蚊 + 未受感染的雄蚊　未受感染的雌蚊 + 受感染的雄蚊

卵　卵

受感染的蚊子　受感染的蚊子　未受損害的卵

未受感染的雌蚊　受感染的雌蚊

叮咬已感染登革熱的人類

登革熱病毒在蚊子體內繁殖　登革熱病毒不會繁殖

登革熱會透過叮咬方式傳播　登革熱不會傳播

# 神經科學

神經科學探索神經系統、神經元的突現性質、神經元間的連結，以及認知與意識。

- 中樞神經系統（Central nervous system，CNS）：大腦與脊髓。
- 末梢神經系統（Peripheral nervous system，PNS）：感覺神經與運動神經（體神經與自律神經）。
- 腸道神經系統：腸道的獨立神經系統，與 CNS 分開運作。

## 運作機制

- 感官刺激：感覺神經偵測到環境改變後，會將衝動傳向 CNS。
- 整合：了解環境改變後，決定該如何反應。
- 運動反應：對刺激產生反應，並將衝動傳向肌肉。

## 神經元

- 神經細胞具有特化結構，可接收及傳送電子訊號。
- 是人體內最長壽的細胞。
- 多數皆採無絲分裂，不會自我取代。
- 會透過軸突（axon）傳遞訊號。
- 神經元會相互連結，形成神經網絡。

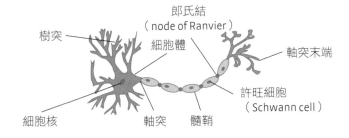

## 神經膠質細胞

神經元的功能是依靠神經膠質細胞來實現：

| CNS | PNS |
|---|---|
| · 星狀細胞：調節、支撐。<br>· 微膠細胞：保護脊髓。<br>· 室管膜細胞：腦膜。<br>· 寡樹突膠細胞：製造髓鞘。 | · 許旺細胞：隔離髓鞘。<br>· 衛星細胞：包圍神經細胞。 |

## 動作電位

神經元電子訊號的頻率會影響訊息強度，舉例來說，**疼痛感越強烈，頻率越高**。

## 大腦

腦的各個區塊皆負責特定功能：

- **大腦**：由多層白質組成，外層覆蓋灰色物質。
- **額葉**：掌管情緒、優先順序、計畫、問題處理。
- **運動皮質**：運動。
- **顳葉**：記憶、語言。
- **感覺皮質**：知覺。
- **頂葉**：感知、理解、邏輯處理。
- **枕葉**：視覺與空間感知。
- **小腦**：協調。
- **胼胝體**：連接腦的兩側。
- **腦幹**：中腦、橋腦與延腦，負責傳遞訊息，以及調節心律、呼吸、睡眠、疼痛與對刺激的知覺。
- **間腦**：下視丘、上視丘、乳狀體和邊緣系統，掌管繁殖、安全、飲食、睡眠，以及恐懼等強烈情緒。

# 外科手術

有些疾病／或傷害只能以外科方式處理，也就是割開皮膚，
並透過專用的儀器設備，對裡頭的身體部位進行移動、移除、修復或更動。

## 麻醉

在麻醉發明前，光是手術造成的疼痛就可能使人喪命，其中，不少人都需要的拔牙手術造成的死亡數又特別多。

## 免疫反應

人體的免疫系統經常會拒絕不熟悉的組織，所以器官移植相當有風險，不過捐贈者與病患媒合技術的改善以及免疫抑制劑都有助提升器官移植的成功率。

## 植入手術

包括髖部與膝蓋置換、植牙、美容與修復性植入，以及心律調節器、血糖感測器與神經刺激器的置入。

## 消毒

有助降低感染率。進行深部手術時，消毒會造成危險，因此不得使用。

## 手術術語

- –tomy：切開
- –ectomy：切除
- –ostomy：製造開口
- –plasty：重塑
- –plexy：移至正確位置
- –rraphy：縫合，如胃縫合術（gastrorrhaphy）
- –desis：連結兩物

## 抗生素

抗生素還沒發明前，手術很容易因感染而造成死亡，但抗生素的出現使感染情況變得容易控制，手術安全性也因而提升。

下列為依功能分類的手術器械：

- **夾鉗**：用於夾取物品。
- **夾子和阻塞器**：將血管這類的構造夾緊。
- **牽開器**：將組織展開。
- **機械式切割器**。
- **擴張器和窺器**：製造開口。
- **吸引管**：吸乾液體。
- **灌洗與注射針筒**：注入或移除液體。
- **顯示器與探測器**：用於監看及測量變化。

針筒

紗布

鑷子

鉗子

## 創新時間軸

1914：首次非直接輸血
1950：首次腎臟移植
1960：首次髖部置換
1963：首次肝臟移植
1964：眼部雷射手術問世
1967：首次心臟移植

1987：首次心臟與肺臟移植
2005：首次臉部移植手術
2008：首次以雷射進行腹腔鏡手術
2011：首次腿部移植
2012：首次子宮移植

# 生活史

研究「生活史」（life history）的科學家，會評估不同物種面對環境變異時所採行的方法或策略。

在生活史中，生物具有以下特徵：**壽命、後代數量、卵的大小、親職行為、成熟年齡與死亡年齡**。這些特徵會受環境中的可用資源影響。

## 物種大小比較

1. 藍鯨
2. 梁龍
3. 暴龍
4. 大烏賊
5. 大象
6. 蝠魟
7. 大白鯊
8. 長頸鹿
9. 恐鳥
10. 鱷魚
11. 人類

### 魚類的親職行為

以下舉兩種魚類為例，說明不同的親職策略：

- **頜魚**：會待幼魚從卵孵出後加以保護。
- **大西洋鮭魚**：會將受精卵埋在鬆散的砂石中，讓卵在冬天成長。幼鮭孵出後，不需父母餵養即可獨立生長。

雌魚在事先於河床沙礫挖好的洞中產下數千顆卵，再由雄魚使卵受精。結束後雙方皆會死亡。

鮭魚成熟後，會回到出生地產卵。

接著，鮭魚會在海洋中生長、成熟，有些會遷移到極遠之處。

剛孵化的鮭魚（稚魚）身上附有食物囊，因此能待在洞裡。

魚苗（幼鮭）發展出保護色後，會離巢尋覓食物。

生活史與生物族群的結構息息相關。科學家會檢視物種的一生，了解是哪些事件讓生物與其後代得以存活。

族群生態學研究的是生物族群在環境的影響下，會隨著時間產生怎樣的**群體動態**。

生物可改變行為來**增強繁殖力**，好將後代養育至成熟階段。對於生命發展史而言，這樣的能力十分重要。

- 環境**艱困**時，生物必須快速**適應**，這時，加快生活史會是理想策略，因為物種很可能還沒開始繁殖，就已經死亡。
- 環境**豐裕**，可提供充足資源，讓物種得以在存活並安全、成功地養育後代時，**放慢生活史**則是較理想的選擇。

### 繁殖策略

- **單次繁殖**：死前只繁殖一次。
- **多次繁殖**：死前繁殖多次。
- 有些動物時而採**單次繁殖**，時而為**多次繁殖**，依環境限制和資源而定。

# 生態學原則

生態學著重研究不同生物間的互動，以及生物與環境間的關係。

1. 族群由生物個體組成，**豐富度**（族群中的個體數）與**多樣性**（不同生物種類的數量）**會隨時間改變，二者也會相互影響。**

2. 所有能量（食物）最初的來源都是**太陽**，譬如碳水化合物和葡萄糖等富含碳的醣類便是由植物和藻類透過光合作用生成；呈現營養素流動的最佳方式為**交互作用網**，而非線性食物鏈。

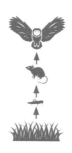

3. 生物會透過體內的化學反應來產生能量，而**化學與物理機制則定義了新陳代謝作用的方式。**

4. **碳、氮、硫和鈉等化學營養素都會在生態系中循環**，死體生物的腐敗物質回收也是此循環的一部分。

5. 族群成長率會受到特定區域的出生、死亡**和淨遷移數量影響。**

6. **特定區域的物種多樣性取決於新崛起、遷移至該區域與即將滅絕的生物數量。**

7. 生物間會以不同的方式相互影響，如**掠食、共用空間、爭奪相同的食物等。**地理區域內的生物交互作用會影響族群豐富度。

8. 生態系又分為許多交互作用網，因此十分複雜。

9. **人類族群在生態系的交互作用中角色過重，與其他物種不成比例**，因此擾亂並改變了數百萬年來多半相當穩定的交互作用網與營養循環。

10. 自然界的作用對於人類的存活非常重要，而生態系也提供我們賴以維生的許多材料、程序與物質，這些資源統稱為**生態系服務**。

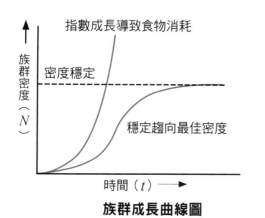

**族群成長曲線圖**

（图中文字：指數成長導致食物消耗、密度穩定、穩定趨向最佳密度、族群密度（$N$）、時間（$t$））

## 生態系帶給我們什麼服務？

| | | | |
|---|---|---|---|
| 供給服務 | 食物 | 木材 | 藥物 |
| 調節服務 | 水的過濾 | 穀物授粉 | 疾病管制 |

| | | | |
|---|---|---|---|
| 文化服務 | 靈修 | 個人成長 | 休閒娛樂 |

# 營養瀑布

從掠食者到細菌孢子，生態系中的任何微小變化都會累積下來，並對生態系造成可觀的影響，這樣的現象就稱為營養瀑布（trophic cascade）。

## 營養瀑布

營養作用：生物因環境刺激而改變或成長的現象，例如根向下長、葉子趨向太陽等等。

營養階：食物鏈中的階層或食物網中的區塊。

食物鏈或食物網中的生物滅絕或數量太多時，都可能會影響整個生態系；掠食者的出現或消失也可能對生態系造成**瀑布作用**，改變**族群**間的關係與營養循環。

自營生物：自行製造食物的生物，譬如植物會直接吸取陽光產出葡萄糖。

異營生物：透過攝食其他生物來獲取所需營養素的生物。

## 黃石公園的狼

在 1900 年代，許多人密集獵殺灰狼，並以**此為運動**，卻沒有想到這項活動會對生態系帶來怎樣的影響，於是最後僅存的兩匹狼就在 1926 年被殺害，灰狼從此絕跡於黃石公園。**狼消失後**，鹿的**族群大幅擴增**，導致灌木、草類與植物的消耗量越來越大，偏偏植物對於昆蟲族群與土壤品質的維護非常重要，所以**土質因而改變，進而影響**生態系中的樹木與所有生物。正因如此，黃石國家公園在 20 世紀歷經慘況，不過相關人士於 1995 年**將狼群帶回公園**，希望能重建當地環境；狼群回歸後，黃石的動物**族群、植物生態與土壤品質也重獲平衡**，生態系已然恢復。

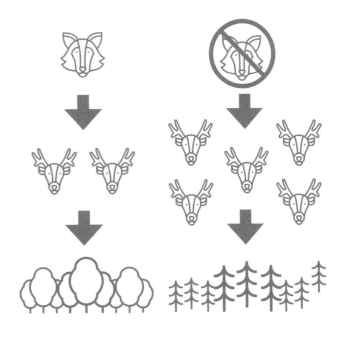

下行效應

由掠食者族群控制營養層階，譬如肉食性生物防止草食性生物過度增長。

上行效應

草類與植物等資源有限，影響草食性生物的多寡，並連帶牽動肉食性生物的數量。

# 地球上的海洋

地球 71% 的表面由水覆蓋，且全球 50% 到 80% 的生命都生存於海洋之中，
不過目前我們僅探索了海洋的 10% 而已。

## 洋流

洋流的路徑固定，但十分**複雜**，當中含有分布不均的熱氣，會造成**對流**，**使水與營養素循環**。

· 洋流的長度可達數千英哩。
· 較冷、密度較高的**極區洋流**會下沉並流向較暖的**赤道**。
· 冷水在赤道附近變熱後會湧升。
· 較暖、密度較低的**赤道洋流**會上升並流向寒冷的**兩極**。
· 溫暖的海水在兩極冷卻後會下沉。

## 柯氏效應（Coriolis Effect）

地球自轉方向造成的效應。
· 北半球的風使洋流以順時針方向行進。
· 南半球的風使洋流以逆時針方向行進。

## 鹽度

· 鹽度是**溶解**於海洋中的**鹽量**。
· 海水的**密度比淡水高**。
· 海洋與淡水河都會影響洋流。
· 水分**蒸發**會使鹽度上升。
· 高鹽洋流會將鹽度較高的海水帶往海洋底部，形成**深水洋流**。

**溫鹽環流**（熱與鹽的循環）是由**密度梯度**驅動的深海洋流。

## 反聖嬰／聖嬰現象

熱帶太平洋中部與東部的洋流方向出現複雜的振盪變化。

· **聖嬰現象**：海表溫度**異常升高**，導致整個太平洋的風向與平時相反。
· **反聖嬰現象**：赤道區域的太平洋海表溫度不規則地間歇**異常下降**。

## 海洋深度

**海洋學者**與**海洋生態學家**將海洋深度分層，如圖所示。

## 馬里亞納海溝
（Mariana Trench）

馬里亞納海溝位於**西太平洋底部**，長寬分別為 1,580 及 43 英哩，最深處為 36,201 英哩，可吞噬整座珠穆朗瑪峰。

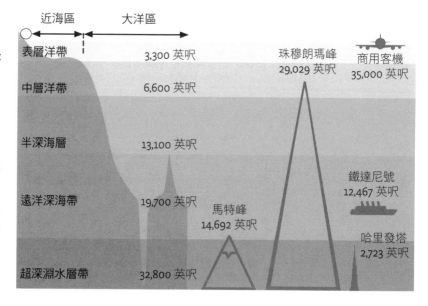

| | 近海區 | 大洋區 |
|---|---|---|
| 表層洋帶 | | 3,300 英呎 |
| 中層洋帶 | | 6,600 英呎 |
| 半深海層 | | 13,100 英呎 |
| 遠洋深海帶 | | 19,700 英呎 |
| 超深淵水層帶 | | 32,800 英呎 |

珠穆朗瑪峰 29,029 英呎
商用客機 35,000 英呎
馬特峰 14,692 英呎
鐵達尼號 12,467 英呎
哈里發塔 2,723 英呎

# 絕種

物種或生物族群全數死亡後，則被判定為絕種（extinctions）。
物種在絕種前可存活的時間各不相同。

## 危物種定義

面臨絕種危機的生物，譬如全球最後一隻北白犀就死於 2018 年。

## 極度瀕危物種及目前族群大小預測

遠東豹：60 隻
克羅斯河大猩猩：250 隻
黑足鼬：300 隻
西伯利亞虎：450 隻
黑犀：約 5,000 隻
亞洲象：4-5 萬隻
紅毛猩猩：10 萬 4,700 隻

## 瀕危物種

玳瑁
非洲野犬
加拉巴哥企鵝
鯨鯊
黑猩猩
北大西洋露脊鯨

## 大型動物群絕種

大型動物體積龐大，很容易受棲息地破壞的影響。目前，全球許多大型動物皆已瀕臨絕種。

## 棲息地破壞

棲息地破壞是物種滅絕的主要因素之一，會降低生物多樣性。棲息地遭到破壞的原因包括森林砍伐、汙染、狩獵與極端的天災。

## 昆蟲族群

目前，全球 40% 的昆蟲都面臨絕種危機。

昆蟲提供不可或缺的生態系服務，如淨化水質和幫助穀物授粉等等，但殺蟲劑與棲息地破壞的問題卻使昆蟲走向滅絕。

## 化石紀錄

化石紀錄中保存了已絕跡物種的殘骸。

## 大型滅絕

就曾居住於地球的所有生物而言，超過 90% 皆已絕種。大型滅絕事件可按地質年代區分。

|   | 滅絕事件 | 時間 |
|---|---|---|
| 1 | 全新世滅絕事件 | 現代 |
| 2 | 白堊紀 - 古近紀滅絕事件 | 6,500 萬年前 |
| 3 | 三疊紀 - 侏儸紀滅絕事件 | 1 億 9,960 萬（或 2 億 1,400 萬）年前 |
| 4 | 二疊紀 - 三疊紀滅絕事件 | 2 億 5,140 萬年前 |
| 5 | 泥盆紀後期滅絕事件 | 3 億 6,400 萬年前 |
| 6 | 奧陶紀 - 志留紀滅絕事件 | 4 億 3,900 萬年前 |

## 人類世

人類活動對於地球物理結構的影響之大，讓許多專家認為當今這個時代可以稱為「人類世」。目前，全球正在經歷第六次的大型滅絕事件及第四次的工業革命。

# 多樣性與族群

多樣性高的生態系中存在較多種類的基因，可讓生物應對環境變化，所以較為穩定、健康；
若生存條件有所改變，富多樣性的生態系與群落也比較容易適應。

地質學和生態學

- **基因多樣性**：物種 DNA 中的基因數量。
- **遺傳變異性**：基因變異的可能性。
- **生態系多樣性**：生物多樣性的一種。

## 表現型

可觀察／量化的生物特徵，如眼睛顏色、螞蟻對築巢方式的理解，以及飛蛾翅膀的構造等等。表現型可分為以下種類：

- 身體構造（形態學）
- 隨時間產生的變化
- 生物的生化特徵
- 行為與本能

## 單株培養

多樣性高的族群因基因種類較多，比較能抵抗疾病與掠食；相反地，大型農場種植的單株培養（基因複製）穀物因為缺乏基因多樣性，所以很容易在病原體演化後受到攻擊，而且染病後傳染速度也很快。由於**病原體會不斷演化**，因此以單株培養手法種植可抗病的穀物只是**應急之計**，如果要有效阻擋病原體散播，族群還是必須具備多樣性才行。

## 最小可存活族群

最小可存活族群（minimum viable population，MVP）是物種要在野外存活所必須具備的最小個體數。

### 磧鷚在加拉巴哥群島呈現的多樣性

## 基因型

基因型是指控制特定性狀的基因。

- **等位基因**是基因的可能形式之一。
- 雙倍染色體為**異基因型**組合。
- **野生型**是自然衍生的基因。

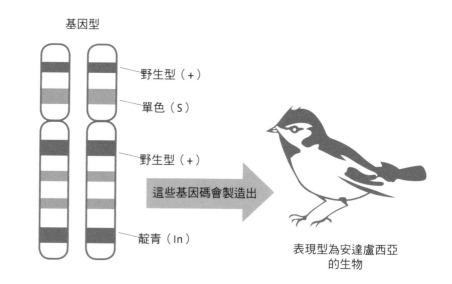

基因型

野生型（+）

單色（S）

野生型（+）

這些基因碼會製造出

靛青（In）

表現型為安達盧西亞的生物

# 板塊運動

地球的分層明確：薄卻硬的岩石外殼由板塊組成，而使板塊漂流的則是底下發燙翻攪的岩石流，會引發地球物理活動。

## 地殼

- 地殼厚度介於 3 到 25 英哩之間。
- 呈固態。
- 內含成分的重量比例：氧 46.6%、矽 27.7%、鋁 8.1%、鐵 5%、鈣 3.6%、鈉 2.8%、鉀 2.6%、鎂 2.1%。

## 地函

- 厚度為 1,800 英哩。
- 呈液態。
- 內分多層，含有矽酸鹽、鈣、鎂、鐵和其他礦物質。
- 溫度介於 392°F 至 7,230°F。

## 外核

- 厚度為 1,370 英哩。
- 呈液態。
- 主要成分為鐵和鎳。
- 溫度介於 7,592°F 至 11,012°F。

## 內核

- 厚度為 760 英哩。
- 呈固態。
- 內分多層，含有鐵、鎳和一些鈾。
- 溫度可高達 10,800°F。

## 地球內的熱流

由於下方岩漿流的緣故，板塊每年會移動約 1 至 2 英吋。

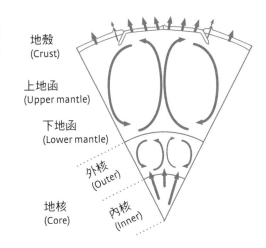

地殼 (Crust)
上地函 (Upper mantle)
下地函 (Lower mantle)
外核 (Outer)
內核 (Inner)
地核 (Core)

熱傳遞原理
▲ 平流
↻ 對流
▲ 傳導

## 板塊運動

板狀的固態地殼會彼此推撞，形成山脈，但板塊互碰時也可能重疊，在名為「隱沒帶」的過程中形成海溝。

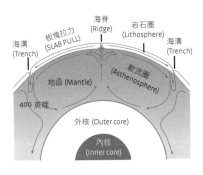

海溝 (Trench)
板塊拉力 (SLAB PULL)
海脊 (Ridge)
岩石圈 (Lithosphere)
海溝 (Trench)
地函 (Mantle)
軟流圈 (Asthenosphere)
400 英哩
外核 (Outer core)
內核 (Inner core)

## 海底擴張

大西洋中洋脊是長達 10,000 英哩的海床山脈。目前，此山脊的中央有新的海床正在生成，所以會將板塊推離山脈。

## 板塊界線

- 聚合：板塊互撞，有時會形成隱沒帶或山脈。
- 離散：板塊分離，形成脊狀結構。
- 轉型：板塊沿彼此滑動。
- 地震和火山爆發都發生在板塊邊界。

# 大氣物理學

大氣層保護地球不受宇宙射線影響，並調節地球溫度，讓我們得以呼吸。
大氣層的主要成分是氧和氮。

| 成分 | 體積百分比 |
|------|-----------|
| 氮（$N_2$） | 78.084 |
| 氧（$O_2$） | 20.942 |
| 氬（Ar） | 0.934 |
| 二氧化碳（$CO_2$） | 0.040 |
| 氖（Ne） | 0.00182 |
| 氦（He） | 0.000524 |
| 甲烷（$CH_4$） | 0.000176 |
| 氪（Kr） | 0.000114 |
| 氫（$H_2$） | 0.00005 |

大氣層主要分為六層：

- **對流層**：**天氣現象**與**人類活動發生處**。
- **臭氧層**：臭氧（$O_3$，氧氣的同素異形體分子）形成的薄層。
- **平流層**：到達平流層後，大氣中就不再存有天氣現象。
- **中氣層**：人類看見的小行星和流星燃燒現象通常發生於此層。
- **增溫層**：極光發生處。
- **外氣層**：衛星沿軌道繞行處。

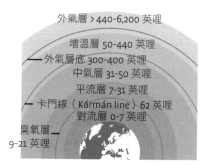

外氣層 > 440-6,200 英哩
增溫層 50-440 英哩
── 外氣層底 300-400 英哩
中氣層 31-50 英哩
平流層 7-31 英哩
── 卡門線（Kármán line）62 英哩
對流層 0-7 英哩
臭氧層 9-21 英哩

## 熱度不均

自轉軸傾斜的現象為地球帶來四季，但也讓大氣層受熱不均。在極地區域，熱度較為發散，至於赤道周遭的熱度則較為強烈。

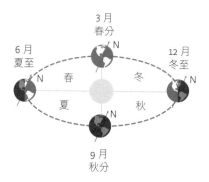

3月 春分
6月 夏至
12月 冬至
9月 秋分
春 冬 夏 秋

## 柯氏效應

從北極上空往下看，地球呈**逆時針旋轉**，而此運動會和**對流效應**一同引發名為「胞」的**大氣環流**。風和洋流一樣，是**依循固定的模式移動**，像東北和東南信風都是如此。

## 反照率

陽光照射到地球表面後的反射率。反射率越高，反射回大氣中的**熱就越多**。

## 哈德里胞（Hadley Cell）

胞指的是天氣現象造成的明顯**對流**。

- **赤道區域**的胞會引發強烈對流，使熱空氣快速上升並隨即冷卻凝結，然後形成雲和降水（下雨）。
- 越靠近**兩極**，胞就越小。

## 壓力

- 旋轉中的對流胞朝彼此靠近時，**壓力會下降**。
- 旋轉中的對流胞離彼此遠去時，**壓力會上升**。

# 生地化循環

對於生命和生物多樣性而言，營養素在生態系中的傳遞極為重要。
所謂營養循環，指的是特定營養素依循的固定路徑。

## 生地化循環

發生於生物圈的循環，會結合不同系統：**岩石圈和陸界（陸地）→ 水圈（水）→ 大氣圈（空氣）**。
營養循環中的物質須**依照生物地質作用**的流程傳遞。

- **生物量**：活體生物的數量與質量，會受出生、排泄與死亡等事件影響。
- **凋落物**：枯葉與腐爛的生物殘骸。
- **土壤**：地表上層物質。土壤內含有機體、岩石顆粒、腐爛中的物質、水，以及礦物質，許多植物、昆蟲、動物和菌絲體都生長其中。
- **同化**：食物或營養的吸收與消化。
- **異化**：複雜的合成物分解成簡單物質。

## 氧氣

- 生物體呼吸時需要 $O_2$。
- $O_2$ 會與蛋白質、脂肪和糖等有機化合物進行**同化作用**。
- 植物行**光合作用**時會放出 $O_2$。
- **水循環**與**氧循環**密切相連。
- **氧化**和**還原**反應會影響氧氣的流動。

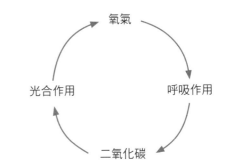

## 氮氣

**蛋白質**的合成需要**氮氣**，而**細菌**是氮循環中的必要元素。

1. **固氮細菌**將氮氣（$N_2$）轉換成氨（$NH_3$）。
2. 氨在土壤中轉化成亞硝酸離子，稱為**硝化作用**。
3. 活體生物會透過尿液、汗水與廢料將氨排出；細菌則會透過**氨化作用**，將富含氮的廢料轉化為簡單分子。
4. **脫氮細菌**會將簡單的氮分子轉換為氮氣（$N_2$），以再次注入循環。

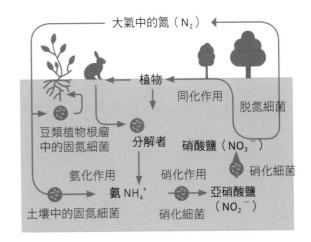

在自然界中，所有循環都涉及增加**生物量**的**同化作用**，以及可透過分解腐敗物質，將反應所需原料重新注入循環的**異化作用**：

- **磷循環**：磷是**細胞進行新陳代謝**時不可或缺的物質。
- **硫循環**：硫對於**蛋白質和酶**的形成都十分重要。

# 水文循環

太陽能是驅動水文循環的終極能量。因為有太陽能，地球上的水才能持續流動。

太陽會使海洋、湖泊、河川和地球表面的各種水體變熱，水會因而蒸發，並於上升時冷卻，凝結成雲朵，然後降下雨水。

蒸散：水蒸發的現象。

凝結：暖空氣在上升過程中冷卻，水分密度因而變高。

降水：暖空氣冷卻後形成雲朵，而雲終究會以雨或雪的型態降水，提供水循環中的主要水源。降雨和降雪的強度、持續時間和頻率都會影響水循環。

地面逕流：地面的水終會經河川流入海洋，或滲入土中。水可以儲存在湖泊、盆地和地底下，有時也可存於土壤與岩石之中。所謂逕流，指的是流入盆地或水庫的總水量。

地下水流：水可以透過土壤和岩石流向河流和海洋。

下滲：水向下滲透土壤，流向海洋。

滲漏：水流進可穿透的岩石後，滲漏成地下水。

## 雲

高度不同的雲形狀不同。隨著高度上升，氣壓與溫度都會下降，因此所有天氣現象都發生於對流層之中。雲是水循環的一部分，時時刻刻都在變化。

· 高空雲：卷積雲、卷雲和卷層雲；積雨雲的體積可能非常大，而且能上升至很高的位置。
· 中空雲：高積雲和高層雲。
· 低空雲：層雲、層積雲、積雲。

天氣：暫時的氣象變化
氣候：長期的氣象變化

描述天氣的六大指標為溫度、大氣壓力、風、溼度、降水與雲量。這些因素會影響大氣層中的氣流運動。

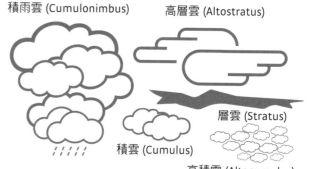

積雨雲 (Cumulonimbus)　高層雲 (Altostratus)

層雲 (Stratus)

積雲 (Cumulus)

高積雲 (Altocumulus)

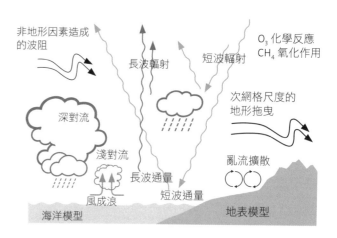

非地形因素造成的波阻

長波輻射　　短波輻射

$O_3$ 化學反應
$CH_4$ 氧化作用

次網格尺度的地形拖曳

深對流

淺對流　　長波通量　　短波通量　　亂流擴散

風成浪

海洋模型　　地表模型

# 碳循環

碳會透過光合作用和醣解（葡萄糖的分解）作用轉換於 $CO_2$ 和葡萄糖（$C_6H_{12}O_6$）之間，並與水循環交互作用，而水循環中的 $H_2$ 和 $H_2O$ 則又會與氧循環產生反應。

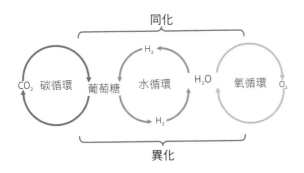

1. 二氧化碳會透過呼吸與燃燒作用釋放到大氣之中，而植物晚上無法行光合作用時，也會放出二氧化碳。
2. 有陽光時，二氧化碳會經光合作用形成葡萄糖。
3. 動物吃下植物後，會透過新陳代謝消化葡萄糖，並釋放出碳原子（多半是透過有氧呼吸呼出二氧化碳）。
4. 有機體死亡。
5. 腐敗的殘留物透過二氧化碳與甲烷將碳原子釋放到大氣中。
6. 幾百萬年後，化石會因為地球物理作用而變成原油與天然氣。

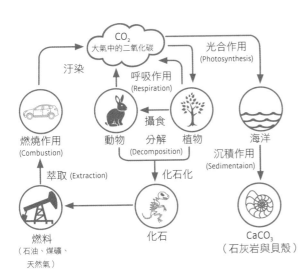

## 固碳作用

固碳作用是碳（$CO_2$）經由生物作用同化為碳化合物的過程，譬如光合作用就是一例，不過植物死亡並遭到分解後，仍舊會釋出 $CO_2$。自然界最持久的固碳作用是珊瑚礁形成石灰岩的過程。

## 溫室效應

諸如二氧化碳（$CO_2$）、甲烷（$CH_4$）、水蒸氣（$H_2O$）、氧化亞氮（$N_2O$）和臭氧（$O_3$）等氣體，都會將太陽的熱紅外線困在大氣層低處。這些溫室氣體會吸收並排放熱能，而現在由於人類從事工業排放的 $CO_2$、$CH_4$ 和 $N_2O$ 越來越多，留在大氣中的熱能因而提升，這些能量會使天氣現象變得活躍，蒸發率也會隨之提高。

### 溫室效應示意圖

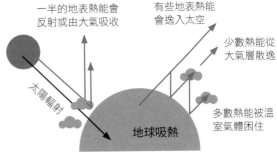

## 甲烷

甲烷（$CH_4$）是地球的第二大溫室氣體，會從溼地中的分解作用、生物消化作用以及油與天然氣的形成作用中自然產生。現在極地苔原因全球暖化而融冰，所以釋放到大氣中的甲烷也越來越多。

139

# 岩石循環

地球是在 45 億年前因為超新星的殘骸以及重力作用而形成，許多鐵一路沉積到球體中心。
地球的核心有 80% 是鐵，另也包含鎳、金、白銀和鈾。

## 岩石類型

· **火成岩**：岩漿快速冷卻時形成；花崗岩、黑曜岩和浮石都是火成岩。

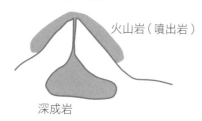

火山岩（噴出岩）

深成岩

· **沉積岩**：由分層沉積物（當中是遭侵蝕的沙與岩石顆粒）經過壓縮後，累積數百萬年所形成；石灰岩和砂岩都是沉積岩，經常帶有化石。

· **變質岩**：岩石因強烈的壓力與熱度而遭到壓縮、扭曲。變質岩非常硬，有時會內含因冷卻極慢而產生的結晶礦物；大理石和板岩都是變質岩。

溫度上升、壓力增強

## 岩石循環

1. 風化作用侵蝕火成岩、沉積岩和變質岩。

2. 雨水、河和溪流將被侵蝕的岩石顆粒搬運至海中。

3. 岩石顆粒沉澱到海中，形成沉積物。

4. 在重量和壓力都增加的情況下，沉積物發生壓密和膠結作用，使底部的沉積層變得密緻。

5. 變質作用於數百萬年後發生，沉積岩和火成岩會因板塊運動而隱沒、變形、扭曲、壓縮；高溫和高壓則會製造出變質岩。

6. 變質岩融化成岩漿，透過火山爆發或地殼的脊狀構造噴發後冷卻，如此一來，就能重回板塊系統。

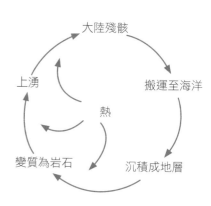

大陸殘骸

上湧

搬運至海洋

熱

變質為岩石

沉積成地層

## 喜瑪拉雅山的海洋化石

喜馬拉雅山是因板塊運動而隆起，所以在山上的石灰岩中能找到菊石、貝殼和其他海洋生物的化石。

## 侵蝕作用與陸地的形成

岩石循環會與水循環交互作用。風化與侵蝕作用現象形塑地表；冰蝕作用則會造出峽灣與山。

# 地磁學

地球磁場源於地函中的液態鐵所釋放的自由移動電子；
地球的自轉與地函中的對流會經由電磁感應產生磁場。

## 磁場

磁北極是**磁力線進入地表的位置**，但並不等於**地理上的北極**。

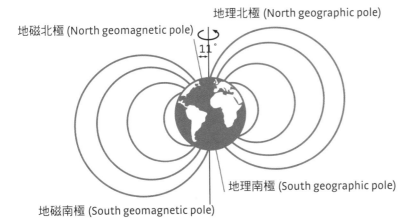

地理北極 (North geographic pole)

地磁北極 (North geomagnetic pole)

11°

地理南極 (South geographic pole)

地磁南極 (South geomagnetic pole)

## 磁屏蔽

地球周遭的**防護性**磁場屏蔽能使有害的高能量**宇宙射線**和光子偏斜，讓生物體**免於照射**，也避免大氣中的**各層剝落**。地球磁場長達數萬英哩，一路朝宇宙延伸。

## 地磁反轉

地磁反轉意指**磁北極與磁南極調換**，也就是**磁極倒轉**。研究證實，這樣的現象在地球歷史上曾發生數次，最近一次倒轉（78 萬年前發生於石器時代）的證據也可見於岩層之中。

地磁反轉流程耗時約 7,000 年，成因是地球自轉使地函與外核中的流體軌道偏向，從中產生的亂流會扭曲並切斷原先的磁場，然後再生成一個新的。

## 極光

- 太陽會從表面朝各方向噴發**帶電粒子**。
- 太陽風終究會觸及地球，並因磁場而偏斜。
- 帶電粒子會**加速衝撞大氣上層**的分子，造成**光子噴射**。
- 不同顏色代表衝撞模式不同。

太陽風　　　　地球磁場

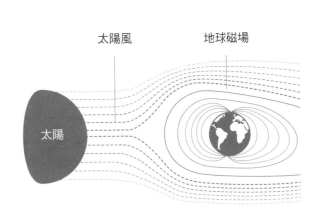

太陽

# 生物累積

生物累積（bioaccumulation）是工業、農業與有毒化學物質累積於生物體和生態系統的過程。在生物圈中，食物網與營養循環密不可分，重金屬、放射性同位素和其他化合物等有毒物質會因為化學性質，而累積於生物體內。

時間

工業與農業化學物質透過食物網與生物放大作用累積於生態系中

汙染程度（Contamination levels）

## 殺蟲劑與除草劑

殺蟲劑和除草劑都會造成毒性生物累積效應。

## DDT

DDT 殺蟲劑（dichloro-diphenyl-trichloroethane 的簡稱）與 DDE 和 DDD 等親脂化學物質（會吸附於脂肪分子）相似，**會在身體與土壤中殘留數十年**。DDT 累積於人體中之後，會透過尿液、糞便與母乳排出，持續時間長達數十年，就連在 DDT 禁用後幾十載才出生的嬰兒，血液中都有 **DDT 殘留**。

## 鍶 -90 與生物累積

科學家針對核武測試中帶有致癌力的放射性原子核進行量測後，發現這些物質會停留在食物網中不斷循環。

## 《寂靜的春天》

瑞秋・卡森（Rachel Carson，1907-1964）於 1962 年在《寂靜的春天》（*Silent Spring*）一書中，解釋殺蟲劑對食物網的影響、對環境的破壞，以及對野生動物的傷害，而其中的罪魁禍首，就是 DDT。這種殺蟲劑會使鳥體無法生成蛋殼，嚴重影響鳥類生存。

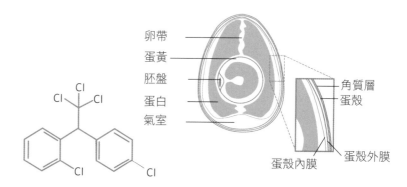

卵帶
蛋黃
胚盤
蛋白
氣室

角質層
蛋殼

蛋殼內膜
蛋殼外膜

卡森透過《寂靜的春天》批評人類以「進步」之名剝削大自然。其實這樣的問題並不是由她首先發現，當時許多科學家也都已有所意識，但**多虧了這本書**，大眾才開始關注相關議題。

由於卡森的緣故，**印度、中國、美洲與歐洲的許多國家都已禁用 DDT**，不過有些赤道國家難以管控瘧疾等經由昆蟲傳染的疾病，所以有時仍會使用 DDT，由此可見，這個議題有許多面向需要考量。

# 人為造成的氣候變遷

地球的氣候、生物圈、海洋和各種循環皆相互連通，但人類的工業活動卻干擾並扭曲了這些連動關係，使自然界的棲息地與平衡狀態遭受破壞，也造成汙染，並導致全球暖化與物種滅絕。

## 氣候

長期的天氣模式。

大氣、海洋與陸地的交互作用會使自然界產生天氣變化，但如果失去平衡，則會突發性地造成長期氣候改變。

## 能量系統

目前，地球各系統的能量都越來越強，不只是溫度升高而已，正因如此，才會造成各種極端的天氣現象。

## 水

隨著地球的水循環漸趨活躍，全球的雨量、水災、蒸發量及降雪量也都在增加，並進而影響到水的供給與品質。

## 臭氧層破洞

從 1960 至 1970 年代，西方國家排放的氟氯化合物（Chlorofluorocarbon，CFCs）侵蝕了臭氧層，後來，各國於 1987 年簽屬蒙特婁議定書，從此禁止 CFC 的使用。幸運的是，臭氧層的洞目前已逐漸縮小。

## 相關危險

直接性傷害與死亡
營養不良
病媒增加
食物供給不穩
病媒感染疾病
傳染性疾病
囓齒動物與動物寄主增加
水質惡化
經水傳播的疾病
經水傳播的疾病
缺水導致衛生問題
水汙染
越來越多人無法取得健康照護服務
空氣汙染
健康照護服務中斷
基礎建設遭到破壞
族群遷移
呼吸性疾病、健康問題帶來的壓力
造成心理健康與社會心理層面的影響

洪水　乾旱
雨量增加　天候越發乾燥
暴雨　森林大火

## 種族歧視與氣候變遷

- 北方世界（Global North）的人均資源消耗量以及廢料與 $CO_2$ 排放量，都遠遠高於南方世界（Global South）。
- 在歷史上，西方國家於 15 世紀入侵美洲與澳洲後，曾對原住民進行種族大屠殺，一直到現在，原住民族群仍得努力爭取，才能避免土地遭到破壞。
- 北方世界之所以擁有較多財富，並發展出現在的資源開採手法，多半是直接肇因於過去的獨裁帝國與殖民主義，以及現今的新殖民剝削，但這些議題卻始終無法進入主流論調的討論範圍，所以複雜的深度氣候議題也難以獲得正視與解決。
- 經濟落後的開發中國家常因必須倚賴汙染性工業而遭到指控，但其實發出攻擊的，正是透過剝削使這些國家陷入貧窮的強國。
- 然而，南方世界的國家卻站在氣候變遷的前線，直接承受最嚴重的破壞。

# 亞歷山大圖書館

將知識整理、分類是一門既古老又非常重要的學問。
由古至今，圖書館員都十分努力地管理人類逐漸擴增的實體與數位知識庫，以利需要時查找。

## 亞歷山大圖書館的建置與毀滅

亞歷山大圖書館（Library of Alexandria）建於西元前 285-246 年的北埃及，是**古代世界最大的圖書館之一**，據說館內以**卷軸形式**收藏的作品廣及**古代語言、詩學、音樂、思想體系、數學知識與寫作**等領域，因此獲譽為學習寶庫。

有些歷史學家認為亞歷山大圖書館疏於管理，造成**卷軸隨時間逐漸解體**；有些學者則判定圖書館是因為凱薩大帝於西元前 48 年下令**包圍亞歷山大**，所以在一場「**意外**」大火中毀滅；不過也有些人聲稱圖書館是遭到基本教義派分子燒毀。目前，埃及仍存有亞歷山大圖書館的遺跡。

## 希帕提亞

希帕提亞（Hypatia）大約生於西元 350-370 年，身兼**數學家與天文學家**，曾發展出**幾何理論與數論**的相關概念，卻在西元 410 年前後，被不認同她**異教信仰的激進分子攻擊**，更慘遭謀殺。不過一直到現在，希帕提亞都仍是**振聾發聵，以及發揚知識與智慧的表徵**。

## 圖書館管理

管理圖書館時，必須持續性地更新及追蹤館藏，以達長期維護的效果，對於數位檔案也須實施這樣的做法，才能確保館內資料分類正確、與時俱進，且容易查找。

記錄書籍數

確保圖書館的
資產安全

建立書籍分類

借出書籍並輸入
相關細節

**圖書館管理**

新增／管理
書籍

檢查書籍的
可用狀態

輸入書籍的價格、
購買日期及其他資料

## 新亞歷山大圖書館

1988-2002 年間，新亞歷山大圖書館（Bibliotheca Alexandrina）不但建置完成，還因獲得補助而得以創立**數位資料庫**，收藏幾十億個網頁、數百萬個已下架的網站，以及範圍廣博的電視節目與廣播音訊檔。

# 地球周長

在 2,000 多年前，希臘數學家埃拉托斯特尼（Eratosthenes）僅利用影子、三角幾何和兩座城市間的距離，就算出了地球的圓周長度。

## 測量地球周長

埃拉托斯特尼發現，在 6 月 21 日夏至正午，陽光會垂直射入賽維納市（位在北回歸線附近，後來改稱賽伊尼，也就是現代的亞斯文）的一口深井；但在同年當天的同一時間，陽光卻不會垂直射入位於亞歷山大的井，反而會在井裡照出陰影。另外，他也注意到亞歷山大的一座方尖碑同樣會產生陰影：

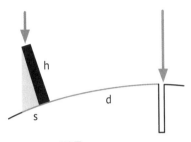

- 夏至正午的賽維納：無陰影
- 夏至正午的亞歷山大：有陰影

因此，埃拉托斯特尼決定測量陰影角度。

━━━ S = 影長
━━━ d = 賽維納到亞歷山大的距離
▉▉▉ h = 方尖碑高度

埃拉托斯特尼量出賽維尼和亞歷山大之間的距離後，搭配陰影角度與幾何算法，算出了地球的圓周長度。

- 圓圈角度：360°。
- 陰影角度：7.2°。
- 360/7.2 = 50。

$$\frac{360°}{7.2°} = \frac{\text{地球周長}}{\text{亞歷山大和賽維尼的距離}}$$

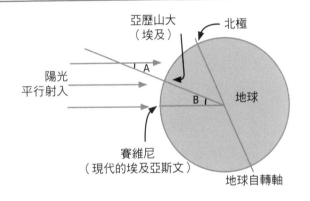

從 360/7.2 = 50 可以得知，亞歷山大和賽維尼的距離（500 英哩）是地球周長的 1/50。因此，埃拉托斯特尼將 500 英哩乘以 50，就得出了

地球周長的估算值 25,000 英哩，而地球的實際圓周則為 24,901 英哩。

到了西元前約 270 年，哲學家阿里斯塔克斯（Aristarchus）算出了月球和地球的距離。他假設月球沿半徑為 R 的圓形軌道，以週期 T 繞地球公轉，並經由觀測發現，在月蝕期間，地球的陰影會通過月球。

接著，阿里斯塔克斯根據基本幾何原則進行了下列推算：月球繞行 t 的時間後，才會進入其公轉軌道被地球陰影遮蓋的部分，對於此部

分的軌道長度，他的估算值為 2r（r 為地球半徑）。

月亮繞地球一圈需要 T 的時間，行進距離為 2πR，約略等於 6.28R。

$t/T = 1/363 = 2r/6.28R$

$r/R = 1/60$

因此，地月的平均距離是地球半徑的 60 倍。

145

# 時間的測量

自然循環會影響人類與動植物的生活，同時也是古代與現代曆法的基礎。

- 陰曆以月亮週期為基礎。
- 陽曆以太陽週期為基礎。
- 恆星曆則以星象的規律變化為基礎。

雖然月亮、太陽和地球的週期並不是成整數比，但許多曆法仍結合了複雜的日月與恆星週期。

## 月相

陰曆是最古老的現存曆法之一。

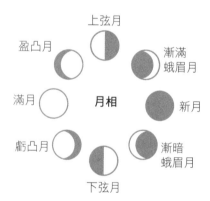

## 恆星曆

所謂星座，是從地球上看起來像各式圖案的恆星群。這些圖案會因地球進動而隨時間改變，而世界各地和歷代的不同文化也各有不同星座。

## 分秒與小時

一分鐘等於 1/60 小時，一秒則等於 1/60 分鐘，所以又等於 1/86,400 天。一小時約莫是日出到日落時長的 1/12；除了赤道周遭的區域外，日出至日落的時間皆會隨時節變化。

## 度量衡

自然循環的可預測性不夠高，所以無法精確計時，確保毫無誤差，偏偏測量的精準度對科學研究而言又非常重要，因此在 1957 年，國際度量衡委員會（International Committee of Weights and Measures，CIPM）便開始進行相關討論，以期訂出各國都能接受的秒長。

## 一秒的長度

國際單位（Système International，簡稱 SI）是各國共同訂立的測量單位，其中，秒的定義是由 CIPM 在 1967 年確立：1 秒等於銫-133 原子發生 9,192,631,770 次振動的時間。

## 時間的詭譎性

宇宙具有一個特殊性質：人類能記得過去，卻無法預知未來。這個現象聽起來似乎是理所當然，但從數學的角度審視，卻相當費解。

### 標準時區

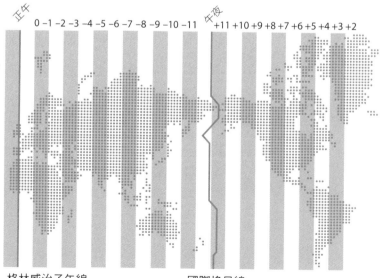

# 加扎利

加扎利（Ismail al-Jazari，1136-1206）是伊斯蘭黃金時代的土耳其博學家、工程師暨藝術家。他撰寫的《奇器之書》（*The Book of Ingenious Devices*）於他過世當年出版，當中描繪了百餘種機械與自動裝置。

## Kitāb al-āiyal（意為「巧技之書」或「奇器之書」）

此書是由穆薩三兄弟（Banū Mūsā brothers）較早出版的類似書籍，於西元九世紀時發行於巴格達智慧宮，包含槓桿、平衡與齒輪等相關內容。

## 設計

工程師會不斷進行設計、原型製作、測試與翻新，藉此優化作品。

## 自動裝置

加扎利的書中包含給水機具、時鐘和娛樂用的音樂自動產生器等裝置，至於運作方面，則是以齒輪、曲柄、壓力活塞、水泵和水車來產生動力。

## 象鐘

在加扎利令人驚豔的各種裝置中，有一台精良的**水鐘**可**計算日出和日落間的時長**，其內部運作機制如下：

- 浮在水槽中的碗逐漸進水。
- 碗下沉後拉動滑輪系統，使得由滾珠承軸帶動的部件傾斜。
- 部件傾斜後會旋轉以顯示時間。
- 接著再落入龍嘴，並掉進騎象人身旁的容器，最後由此人擊鼓報時。

## 齒輪原理

齒輪可對力進行**轉換**，使我們能透過力來驅動各式機具；只要調整**齒輪**的**齒數**比例，即可**改變每分鐘轉數**（Revolutions Per Minute，RPM）。**傳動齒輪比從動齒輪大**，後者的 RPM 等於前者的 **RPM** 乘以速度比率。

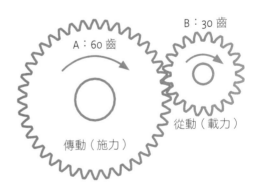

A：60 齒　　B：30 齒

傳動（施力）　　從動（載力）

## 舉例

A 的 60 齒 / B 的 30 齒 = 速度比率 60 ÷ 30 = 2
如果 A 的 RPM = 120，B 的 RPM 就等於 A 的 RPM × 速度比率：120 × 2 = 240。

# 活字印刷術

印刷是一門古老的技術，可用於複印圖像與文字；印刷機發明後，徹底改變了資訊傳播的方式。其中，活字印刷術最早發明於中國，可簡化換字程序。

## 印刷術的類型

凸版印刷：使用刻版凸起的部分來複印，如木刻版、油氈版以及活版印刷

凹版印刷：使用刻版凹陷的部分來複印，如蝕刻、針刻和雕刻

平版印刷：使用單一刻版來複印，如單刷和石版印刷術

模版印刷：使用鏤空的部分來複印，法文為「pochoir」，如絲網印刷

## 古老模板

模版印刷是印刷術的一種，研究人員曾於洞穴牆上發現歷史長達 35,000 年的模版，且當中有人手的形狀。

## 刻板印刷的流程

將油墨平均塗於塊狀木刻版，然後壓至紙或紡織品等各式平面。相關證據顯示，早在西元前 3,500 年時，古人就已將泥板用於印刷，而雕版技術在中國、日本、韓國和印度也都使用了數千年。

## 凸版印刷

油墨塗於刻版的凸起處，不會觸及挖空部分。

## 凹板印刷

油墨塗於刻版的挖空處，與凸版印刷相反，如蝕刻就是一例。

## 活字印刷術開創新局

這種印刷術採用可移動的活字，簡化了換字工作。各項獨立元素與全半形文字的排列方式皆可輕鬆改變，這麼一來，不必辛苦地重新刻字、甚至整篇重刻，即可印出意義不同的文本。

## 畢昇

中國畢昇（990-1051）發明了世上第一套活字印刷系統。

**下圖為獨立活字，可以是單一字母或符號**

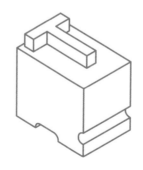

## 活版印刷

排版員會將單字或符號以倒反的順序排列，也就是預期印刷結果的鏡像；另外，字與字之間以及頁面邊緣，則會以擋塊來製造空格。接著，排好的文本會放置到外型如床的平面，於印刷機內鎖好後塗上油墨，最後，操作人員會把紙放到頂部並均勻下壓，以印出文字。

### 古騰堡印刷機

德國鐵匠兼金屬工匠約翰尼斯・古騰堡（Johannes Gutenberg，1400-1468）於 1440-1450 年間發明出古騰堡印刷機，改變了知識的傳播方式。

# 營建工程

土木工程是自古即存在的人類技藝，涉及大型結構與建築的設計和建造。

---

- 結構工程：建築架構的設計，是建造程序中不可或缺的要素。結構工程可確保建築在設計上可承受物理壓力。
- 營建工程：針對已設計完成的結構進行規劃、管理，並執行建造作業，譬如基礎建設即為營建工程的一部分。

## 鋼筋混凝土

混凝土硬而易碎，抗張強度低，但經由鋼製結構、棍棒或網格強化後，即可吸收張力、剪力和壓力。如果沒有鋼筋混凝土，人類也無法建造高樓大廈。

## 城市規劃

這門學問的歷史已有**數千年**。城市的規劃與發展涉及**下水道**、大眾運輸、自來水供給、醫院、交通和**教育**等各方面的決策，許多城市都是在現存的基礎架構上擴展、成長。

## 混凝土

混凝土（concrete）是砂石與水的混合物。水與固態的粉狀原料混合後，會發生名為「**水合作用**」的化學反應，粉末原子間會產生鍵結，因而結合在一起並硬化，然後如黏膠般凝固。從前的人之所以會將石膏或石灰粉碎、燃燒，就是利用類似的機制。

## 石灰

氫氧化鈣（又稱熟石灰或水合石灰）是苛性鹼，會造成嚴重燒傷，卻是用途多元的營建材料。石灰常用於**磚石**與水泥砂漿，可黏合石頭與磚塊，也能用來包覆表面。建築外部的灰墁與內部的灰泥中都有石灰。

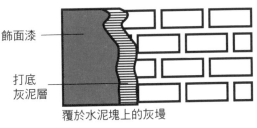

飾面漆

打底
灰泥層

覆於水泥塊上的灰墁

---

### 波特蘭水泥

水泥是混凝土的基本原料之一，內含顆粒有粗有細的破碎鈣化合物、二氧化矽、氧化鋁和氧化鐵，其他成分包括石灰岩、砂岩、泥灰岩、頁岩、鐵、黏土或飛灰。

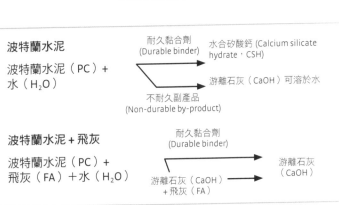

波特蘭水泥

波特蘭水泥（PC）+ 水（H_2O）

耐久黏合劑 (Durable binder) → 水合矽酸鈣 (Calcium silicate hydrate，CSH)

不耐久副產品 (Non-durable by-product) → 游離石灰（CaOH）可溶於水

波特蘭水泥 + 飛灰

波特蘭水泥（PC）+ 飛灰（FA）+ 水（H_2O）

游離石灰（CaOH）+ 飛灰（FA）

耐久黏合劑 (Durable binder) → 游離石灰（CaOH）

# 熱機

所謂熱機，是可將熱轉換成其他能源形式的系統。熱能會從高溫處流至低溫處，並透過驅動裝置（如渦輪）的方式轉換為力學能，接著，此類裝置又可連結發電機，進而產生電能。

## 熱循環

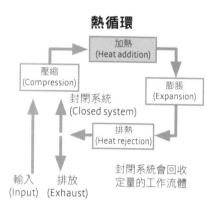

**熱效率 = 做功 ÷ 熱**

## 內燃機

內燃機的運作機制如下：在封閉系統中讓燃料與空氣一同燃燒，氣體發生熱膨脹後會帶動活塞來驅使運動。多數內燃機的熱效率都相當低，大約為 20%。

## 相位循環

液體沸騰後的相變是使引擎運作的驅動力。右側的兩個圖表說明了**物質從液體化為氣體的相變**，當中的相位循環為朗肯循環（Rankine cycle），常用於預測熱渦輪的熱效率。

## 致冷

冰箱會持續將熱從內部空間抽除，所以當中的食物才能保冷。在冰箱系統中，流體物質多數時候都是以氣體的形式存在。

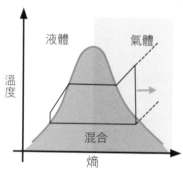

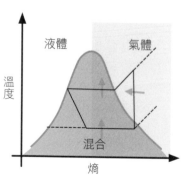

## 第一定律

能量無法創造或毀滅，只能在不同形式間**轉換**。

## 第二定律

能量效率不可能達到100%；有些能量會以熱的形式散逸，永遠無法做功。

## 薩迪‧卡諾

薩迪‧卡諾（Sadi Carnot，1796-1832）是法國工程師，曾推測性地提出卡諾循環（Carnot cycle），假設能量交換中的流體使用效率為100%。卡諾循環雖不可能實現，卻成功讓工程師了解到能源效率的限制。

## 穆罕默德‧巴厄巴

奈及利亞教師穆罕默德‧巴厄巴（Mohammed Bah Abba，1964-2010）普及了古老的陶罐冷卻系統。此系統不需電力，也能在炎熱的氣候下將食物保冷，這是因為陶罐中的水會從溼潤的沙中蒸發，可將熱帶離存放食物的低溫空間。

### 能源的未來

目前，我們多半是藉由燃燒化石燃料來發電：燃燒過程製造的熱會使氣體蒸發，進而帶動渦輪；不過人類不能繼續如此仰賴石化燃料，必須有所改變。

# 能量的儲存

電池可以儲存電位。
在電池中，電負度差會提供位能，讓電流從負極（陰極）流向正極（陽極）。

化學電池的組成：
- 陽極：獲取電子的正電極。
- 陰極：提供電子的負電極。
- 電解質：讓離子得以流動，進而產生電流的流體。

## 檸檬電池

- 銅線 = 陽極。
- 鍍鋅的釘子 = 陰極
- 檸檬 = 電解質

## 巴格達電池

發現於巴格達的古老電池，歷史有 2,000 年，在設計上是以陶罐當做容器，裡頭置有包覆在銅製圓筒內的鐵棍。

## 伏打電堆

義大利化學家亞歷山卓·伏打（Alessandro Volta，1745-1827）將鋅與銅製成的圓盤相互堆疊，中間則以泡過鹵水（鹹水）的吸墨紙分隔。這種以鋅與銅為電極的電堆的確能產生電流，但金屬最後終會因鹹水而腐蝕。

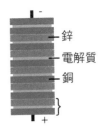

鋅
電解質
銅

## 化學電池

電池內的化學氧化與還原反應會使離子流動。碳鋅電池就是化學電池的一種，係由法國化學家喬治·雷克蘭區（Georges Leclanché）所發明。

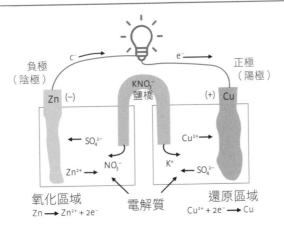

負極（陰極）　　　　　　　正極（陽極）

Zn (−)　　KNO₃ 鹽橋　　(+) Cu

$SO_4^{2-}$　　　　　$Cu^{2+}$

$Zn^{2+}$　$NO_3^-$　　$K^+$　$SO_4^{2-}$

氧化區域　　　電解質　　　還原區域
$Zn \rightarrow Zn^{2+} + 2e^-$　　　　$Cu^{2+} + 2e^- \rightarrow Cu$

## 乾電池

德國科學家卡爾·加斯納（Carl Gassner）於 1886 年使用糊狀材料取代液體，製造出了乾電池；最早的現代電池則是由日本製錶師兼發明家屋井先藏（Yai Sakizo）於 1887 年製成。

## 可充電電池

鹼性電池只能使用一次，但後來科學家發展出可逆化學反應，讓可充電電池成為可能。最早的可充電鉛蓄電池是由加斯頓·普蘭特（Gaston Planté）於 1859 年所發明，至於現代的筆記型電腦與手機皆是使用鋰電池。

## 化學廢料

電池的廢料會造成嚴重汙染。
- 可充電電池已減輕人類對拋棄式電池的倚賴，但當中仍含有必須留意的毒性物質，而且這些物質處理起來相當危險。
- 壽命短的裝置也會造成電池廢料增加。

## 綠能源

風力、太陽能和潮汐都能用於發電，但如何在產生能量後加以儲存，是目前發電設計與工程方面的急迫問題。

# 電腦

電腦的設計目的在於執行算數和邏輯作業；如要調整電腦環境，則必須修改程式的編寫方式。

## 電腦的構成要件

- 硬體：可見且可觸碰的裝置，如鍵盤、螢幕與滑鼠。
- 軟體：發出指令，使電腦執行任務。
- 輸入：使用者輸入的資訊，如字詞、數字、聲音與影像。
- 系統／處理器：電腦會透過系統，在與儲存裝置及通訊網路互動的情況下，執行運算作業。
- 輸出：透過觸覺裝置呈現的結果，可能是視覺或聽覺上的資訊。

## 提花梭織機

提花梭織機（Jacquard loom）是電腦的始祖，由約瑟夫·瑪麗·雅卡爾（Joseph Marie Jacquard）於 1804 年所設計，目的在於讓機器能夠自動編織複雜的布料。

## 分析機

由英國數學家暨發明家查爾斯·巴貝奇（Charles Babbage）發明的通用性機械計算機，設計目的在於處理複雜的數學運算。

## 電腦架構簡圖

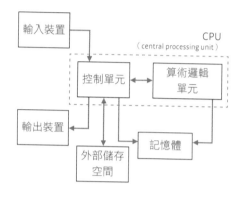

輸入裝置
CPU（central processing unit）
控制單元 ↔ 算術邏輯單元
輸出裝置
外部儲存空間
記憶體

## 數字仙女

英國數學家、翻譯家暨作家愛達·勒芙蕾絲（Ada Lovelace，1815-1852）替巴貝奇的計算機進行數字、字母與符號編碼，並發展出讓機器以迴圈方式重複執行指令的方法。在 1950 年代前，她的成就多為世人所遺忘，但其實迴圈至今仍常用於現代的電腦運算。

## 電腦簡史

第一代：
→ 無作業系統
→ 將開關用做二進碼
- 1937：電子計算機問世
- 1943：巨人計算機（Colossus）製造於二戰期間，目的為軍事用途
- 1946：電子數值積分計算機（Electronic Numerical Integrator and Computer，簡稱 ENIAC）問世，並執行了一項數學運算

第二代：
→ 改用電晶體，而不再使用真空管
→ 電腦編程語言問世
→ 電腦記憶體與作業系統出現
→ 開始使用外部記憶體，如捲帶、打孔卡和光碟
- 1951：通用自動計算機問世（Universal Automatic Computer，UNIVAC 1）
- 1953：IBM 推出 701 電腦

第三代：1963 至今
→ 積體電路
→ 電腦體積變小，功能則更為強大、可靠
→ 可一次執行多個不同程式
- 1980：微軟磁碟作業系統（Microsoft Disk Operating System，MS-DOS）
- 1981：IBM 推出個人電腦（Personal Computer，PC）
- 1984：Apple 推出 Macintosh 電腦與圖示介面
- 1990 年代：Windows 作業系統
- 1992：智慧型手機問世
- 2007：可供商業販售的智慧型手機問世

# 電子學

電子學研究的是電子的流動。
電子是一種極小的次原子粒子，帶負電荷，可用於許多技術。

## 克希荷夫第一定律

根據克希荷夫第一定律（Kirchhoff's first law），流入的電流會等於流出的電流，也就是說電荷不滅。

## 克希荷夫第二定律

根據克希荷夫第二定律（Kirchhoff's second law），任何封閉迴路中的總電壓都為零，也就是能量守恆。

## 壓電能量

壓電材質（如石英）受到壓縮時，會產生電流。在石英錶的壓電元件中，電流可透過精準的振盪達到計時效果。

## 電子學符號

| | | |
|---|---|---|
| 可變變阻器 | 電池 | 交流電源 |
| 電池 | 二極體 | 電壓電阻器 |
| 電阻器 | 變壓器 | 光 |
| 電位器 | 電壓計 | 太陽能電池 |
| 電流計 | 開關 | 複接開關 |
| 電容器 | 接地 | 引擎 |

## 總電阻
### （A）串聯電阻

總電阻 = 個別電阻的總和

$R_T = R_1 + R_2 + R_3$

各電阻以串聯方式連接

### （B）並聯電阻

個別電阻的倒數（1/R）相加，總和為 $1/R_T$。

$$\frac{1}{R_T} = \frac{1}{R_1} + \frac{1}{R_2} + \frac{1}{R_3} \cdots\cdots \frac{1}{R_n}$$

各電阻以並聯方式連接

## 如何讀取電阻器資料

電阻器會透過意義不同的色環，來顯示電阻；電阻以歐姆為單位，符號為 Ω。電阻器左側的二或三個色環會顯示數字 0 到 9，後面緊接著代表倍率的色環與間隔，而間隔之後還有另一個色環代表容差比率。

舉例來說，下方的電阻標示應如此解讀：

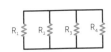

| 黃 | 紫 | 紅 | ……銀 |
|---|---|---|---|
| = 4 | 7 | ×100 | 10% |

= 4,700 歐姆，容差比率為 ±10%。

## 歐姆與非歐姆電阻

歐姆電阻：電阻恆定，電流與電位差成正比，且適用歐姆定律。V 與 I 呈線性關係：$V = IR$。

非歐姆電阻：V 與 I 呈非線性關係。

· 鎢絲燈：電阻會隨鎢絲變熱而上升。
· 負溫度係數熱敏電阻器：電阻會隨溫度上升而降低。
· 半導體二極體：其中一個方向的電流幾乎為 0，另一個方向的電流則會增加。
· 發光二極體（light-emitting diode，LED）：LED 會沿單一方向導電、發光，但在另一個方向則不會。
· 光敏電阻器（light-dependent resistor，LDR）：電阻會隨光的強度變化。

## 電阻器顏色表

| 顏色 | 數字 | 乘數 | 容差 |
|---|---|---|---|
| 黑 | 0 | 1 | |
| 棕 | 1 | 10 | ± 1 % |
| 紅 | 2 | 100 | ± 2 % |
| 橘 | 3 | 1,000 | |
| 黃 | 4 | 10,000 | |
| 綠 | 5 | 100,000 | ± 0.5 % |
| 藍 | 6 | 1,000,000 | ± 0.25 % |
| 紫 | 7 | 10,000,000 | ± 0.1 % |
| 灰 | 8 | | ± 0.05 % |
| 白 | 9 | | |
| 金 | | 0.1 | ± 5 % |
| 銀 | | 0.01 | ± 10 % |
| 無 | | | ± 20 % |

# 艾倫・圖靈

艾倫・圖靈（Alan Turning，1912-1954）是英國電腦科學家、密碼分析學家、理論生物學家暨數學家，曾發展出現代電腦與 AI 技術。在二次大戰期間，他任職於布萊切利園（Bletchley Park）的「政府密碼學校」，負責解譯納粹透過恩尼格瑪密碼機（Enigma machine）傳送的加密訊息，有助英軍擊敗德軍。

## 恩尼格瑪密碼機

恩尼格瑪密碼機是透過齒輪與電子機制「隨機」打亂訊息，但機器能執行的**作業數量有限，讓圖靈**因而得以破解其中的運作機制。

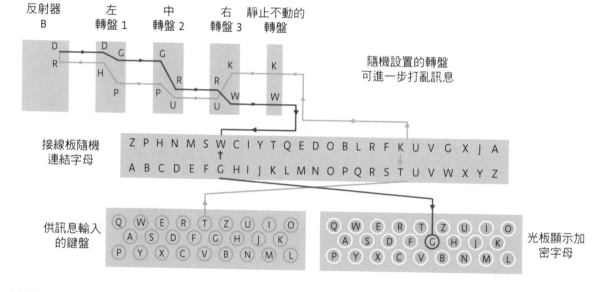

反射器 B ・ 左 轉盤 1 ・ 中 轉盤 2 ・ 右 轉盤 3 ・ 靜止不動的 轉盤

隨機設置的轉盤可進一步打亂訊息

接線板隨機連結字母

供訊息輸入的鍵盤

光板顯示加密字母

## 苦難不斷

圖靈於 **1930 年代**在劍橋進行**數學研究**，力求突破機器運算的限制。他的**假想裝置「圖靈機」**（Turing machine）僅需一組規則即可處理數字，卻能夠解決可寫成演算法形式的所有問題，因此影響力十分深遠。

他在 1938 年受到政府解密單位招募，負責在德軍的恩尼格瑪密碼機中尋找破綻，不久後即設計出名為「炸彈」（Bombe）的電機式解密機，

可用於猜測原始訊息的片段（稱為「小抄」），並透過蠻力法據此利用運算效能對恩尼格瑪密碼的設定進行篩選。這台機器對後來建造於**布萊切利園**的巨人計算機（世上首台可編程的電子計算機）也有所影響。

但在 1945 年後，布萊切利園的研究全數成為**機密**，相關機器也遭到破壞，讓原先想在戰後以更進步的技術打造「**內儲程式**」計算機的圖靈

未能如願。此外，相關當局也將他的**同性戀性傾向**視為安全性威脅，**不讓他繼續參與情報工作**；他在 1952 年因當時的恐同法律被捕後，當局甚至下令閹割以改變他的荷爾蒙。

最後，既挫折又抑鬱的圖靈於 1954 年自殺，至於他對現代科學界的**重大貢獻**，也是近幾十年才獲得認可。

# 攝影

攝影術涉及光敏化學反應、光學與視覺藝術,發明後迅速受到藝術家與科學家採用。

## 針孔相機

- 不需透鏡即可製作。
- 利用小型孔洞(針孔)成像。
- 光穿過針孔後,會在箱內投射出倒反的影像。

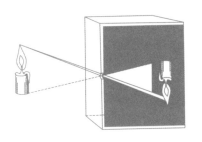

## 透鏡

透鏡可將影像投射於帆布等各式平面,讓文藝復興早期的佛萊明派(Flemish)畫家可用於描繪人與物,創造出風格寫實的畫作。

## 藍晒法

藍晒法是感光成像的前身,以覆有塗層的紙張為材料。紙暴露於陽光下時,物體遮蓋的部分就會印到紙上。

## 安娜‧阿特金斯

英國植物學家安娜‧阿特金斯(Anna Atkins,1799-1871)是最早的女性攝影師之一,人類史上的第一本攝影專書就是由她所出版,主要內容是以藍晒成像的植物相片。

## 單眼相機構造

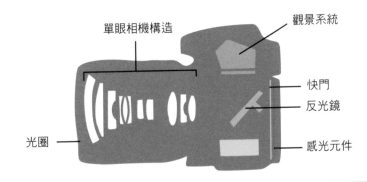

單眼相機構造

觀景系統

快門

反光鏡

感光元件

光圈

## 銀版照相法

路易‧雅克‧曼德‧達蓋爾(Louis-Jacques-Mandé Daguerre,1787-1851)使用鍍銀的銅板發明了銀版照相法。

## 數位相機

數位相機的運作機制如下:光進入相機鏡頭後,會刺激感光元件晶片,使晶片開始量測顏色、色調與不同形狀的輪廓,而後這些類比訊息會轉譯成數百萬的像素。

## 賽璐珞膠片

賽璐珞膠片是約翰‧卡爾巴特(John Carbutt)、漢尼巴爾‧古德溫(Hannibal Goodwin)和喬治‧伊士曼(George Eastman)使用硝化纖維素、樟腦、酒精和染料發明出透明彈性膠片。這種膠片後來由伊士曼‧柯達(Eastman Kodak)於 1889 年開始進行商業販售。

# 雷達與聲納

雷達（radar）與聲納（sonar）技術是利用遙遠物體傳回的聲音訊號來確定物體位置。這樣的定位方式之所以可行，是因為原始訊號和回音之間存在時間差。

## 雷達

雷達可透過**無線電波**，讓飛機在黑暗中也能安全地從雲層間降落。

## 聲納

聲納是在水體或人體內使用聲波的技術。現代超音波發振器可產生的頻率介於 20,000 赫茲（Hz）和 1 吉赫（1GHz 等於 10 億赫茲）之間。

## 回音定位法

鯨魚、尖鼠、海豚和蝙蝠等等動物都會使用回音定位法（echolocation）。採行這種方式的動物會在**發出聲音後偵測回音**，藉此進行環境偵測、確定物體位置並測量距離。**聲音接收器**（譬如雙耳）之間的距離是量測結果能否精確的關鍵。

## 高靈敏聽力

蝙蝠會發出音調極高的叫聲，頻率雖超出人耳可聽見的範圍，但其實音量比巨型噴射機起飛時還大。這種高頻叫聲波長短，讓蝙蝠得以在夜間偵測昆蟲位置，以及飛蛾這類昆蟲身上的微小特徵，譬如是否有毛或觸角等等，不過，這種高靈敏聽力的有效範圍並不大。另一方面，蝙蝠也可**掩住雙耳**，以免被自身發出的叫聲震聾。

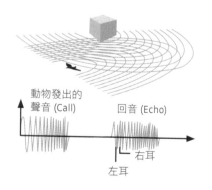

動物發出的聲音 (Call)　　回音 (Echo)

右耳
左耳

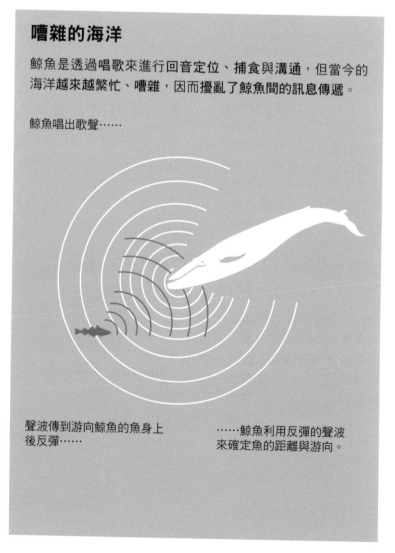

### 嘈雜的海洋

鯨魚是透過唱歌來進行回音定位、捕食與溝通，但當今的海洋越來越繁忙、嘈雜，因而擾亂了鯨魚間的訊息傳遞。

鯨魚唱出歌聲……

聲波傳到游向鯨魚的魚身上後反彈……

……鯨魚利用反彈的聲波來確定魚的距離與游向。

# 資訊

感測器接收到的資料必須先經過數位化，電腦才能辨識。
電腦會傳送電位差的訊號，藉此處理資料。

## 類比訊號

連續電位差（電壓）的訊號無法直接儲存於電腦中處理，這是因為振幅和波形會使資訊有所差異，所以必須先進行數位化，電腦才能用於後續作業。類比波以許多不同形式存在。

## 數位訊號

數位系統中的訊號是由 0 和 1 所組成，而這兩個值是因系統依據電壓門檻將訊號分配給 0 或 1 而產生。0 或 1 組成的訊號稱為位元，每八個即為一個位元組；解析度就是取決於位元的數量。數位訊號僅與脈衝序列相關，而不受振幅和波形影響，因此即使周遭出現噪音或干擾，也不難恢復。只要將正弦波轉換為方波或是方波組合，即可將類比訊號改以數位訊號的形式傳送。

## 頻寬

頻寬（bandwidth）會因需要傳輸的資訊量而改變：傳輸率越高，需要的頻寬就越大。

## 波形

變動的電磁波能傳遞資訊，至於可用的媒介則包括金屬線和纜線。就無線電而言，變化波可透過大氣或光纖纜線中的光子傳播。

衰減：訊號的能量隨距離散逸。

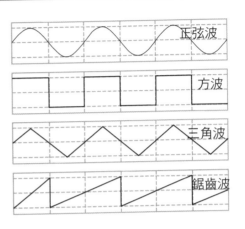

正弦波

方波

三角波

鋸齒波

## 訊號干擾與信號退化

訊號干擾與信號退化的可能成因包括：摩擦造成的熱輻射、光纖中的反射回饋，以及大氣對無線電波和微波的干擾。

## 頻譜

聲音的頻率與解析度分別為 40 千赫（kHz）與 16 位元，才能以電磁波的形式傳播。在這樣的情況下，每秒的聲波傳播率會是 640kHz，也就是每秒 640,000 位元。

### 電磁傳播系統

· 無線電
· 手機通訊
· Wi-Fi

## 載波頻率

載波內含傳送資訊時所需的能量（以頻率為單位），而要傳播的資訊則是透過載波的調變來進行編碼。

## 調變

所謂調變，意思是使訊號隨時間改變。如要進行調變，週期性波形（載波信號／頻率）中須有一或多項性質來改變以承載訊息。要達成這項條件，可能會需要調頻（frequency modulation，FM）或調幅（amplitude modulation，AM）。

## 音波

聲音的頻率必須落在 50Hz 和 15kHz 之間，人耳才聽得見。

# 全球定位系統

全球定位系統（Global Positioning System，GPS）內含繞行於地球上方 12,500 英哩左右、約 30 顆的衛星，旨在提供導航功能。GPS 的運作機制以三邊測量為基礎，各地點的資訊都是從至少三顆不同的衛星蒐集而來，因此可用於繪製精確的地理圖像。

在 20 世紀初，**火車使人類移動速度加快**，電報則讓電子通訊成為可能，但這樣的發展也代表**時區必須標準化**，才能避免火車相撞等各種意外發生。因此，時區應運而生，為加快的旅行與通訊提供了管理機制；在世界各國根據理論上的定義確立了**每秒長度**後，人類也因而能夠同步各項活動。

應用科技

## 運作機制

GPS 會比較衛星資料，並傳送電磁訊號：

- GPS 將訊號傳送至距離最近的一顆衛星。
- 接著，訊號會傳送到其他至少三顆衛星。
- 系統與各衛星之間的距離，是透過 GPS 裝置接收到的**時間延遲資料**來計算。
- 為降低錯誤率，並減少衛星移動所造成的誤差，系統會**針對至少三顆衛星的位置與距離進行比較**。
- 最後，接收器會使用上述資訊來計算**裝置位置**。

## 格拉德斯・梅・韋斯特

地球的數學模型對於 GPS 的運作至關重要，而非裔美籍數學家**格拉德斯・梅・韋斯特**（Gladys Mae West，1930-）在這方面貢獻良多。她的核心研究促進了**衛星測地模型**的發展，而此模型後來也成了現代 GPS 中不可或缺的元素。在 1956 到 1960 年間，韋斯特曾透過電腦軟體測量衛星的位置，並**計算其繞行軌道**。

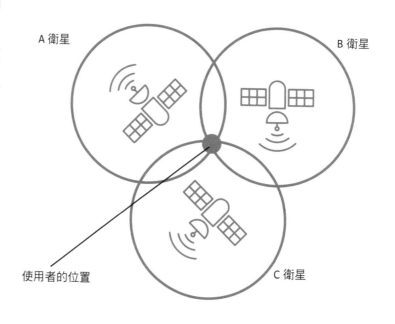

A 衛星 　 B 衛星 　 C 衛星 　 使用者的位置

# 太空旅行

歷史上曾有 500 多個地球人離開平流層，進入地球軌道，其中的 12 個人甚至曾行走於月球表面，但目前，到過其他星球的依然只有機械探測器。

## 太空旅行的里程碑

1957 衛星首度進入軌道（史普尼克 1 號／Sputnik 1）
動物首度進入軌道：太空犬萊卡（Laika）（史普尼克 2 號／Sputnik 2）
1958 首顆美國衛星（探險者 1 號／Explorer 1）
1961 類人動物首度進入太空（次軌道）：黑猩猩漢姆（Ham）
人類首度進入軌道：尤里·加加林（Yuri Gagarin）
美國人首度進入太空（次軌道）：艾倫·雪帕德（Alan Shepard）
1962 美國人首度進入軌道：約翰·葛倫（John Glenn）
1963 女性首度進入軌道：范倫蒂娜·泰勒斯可娃（Valentina Tereshkova）
1965 人類首度太空漫步：阿列克謝·列昂諾夫（Alexey Leonov）
1968 載有人員的太空船首度繞行月球（阿波羅 8 號／Apollo 8）
1969 太空人首度登陸月球：阿波羅 11 號（Apollo 11）的尼爾·阿姆斯壯（Neil Armstrong）以及伯茲·艾德林（Buzz Aldrin），麥可·柯林斯（Michael Collins）則留在月球軌道
1971 首座太空站（禮炮 1 號／Salyut 1）
1972 阿波羅計畫的最後一次月球任務（阿波羅 17 號／Apollo 17）
1981 首次太空梭飛行（哥倫比亞太空梭／Columbia）
1983 美國女性首度進入軌道：莎莉·萊德（Sally Ride）
1986 首座模組太空站（和平號／Mir）的第一個模組發射升空
1994 太空梭首次造訪和平號太空站（發現號／Discovery）
1998 國際太空站（International Space Station，ISS）的第一個組件發射升空
2001 首位太空觀光客丹尼斯·蒂托（Dennis Tito）造訪 ISS
2004 太空船 1 號（SpaceShip One）首度完成載有人員的商業性太空飛行
2011 亞特蘭提斯號太空梭（Atlantis）的最後一次飛行
ISS 的所有組件全數發射完成

## 關鍵少數

人類與機器之所以能進行太空飛行，須歸功於數千名科學家、工程師與承包商，但其中的許多人卻始終沒沒無聞。一直到 2016 年，瑪歌特·夏特利（Margot Lee Shetterly）才出版了《關鍵少數》（Hidden Figure）一書，讓世人看見非裔美籍女性（如數學家凱薩琳·強森／Katherine Johnson、多蘿西·沃恩／Dorothy Vaughan 和工程師瑪麗·傑克遜／Mary Jackson）對早期 NASA 太空計畫的貢獻。

## 探訪外星世界

以下是最早成功造訪太陽系內各個外星世界的飛行器：

| | |
|---|---|
| 月球 | 飛掠：月球 3 號（Luna 3，1958） |
| | 軟著陸：月球 9 號（Luna 9，1965） |
| 水星 | 飛掠：水手 10 號（Mariner 10，1974） |
| | 繞行：信使號（MESSENGER，2011） |
| 金星 | 飛掠：水手 2 號（Mariner 2，1962） |
| | 登陸：金星 8 號（Venera 8，1972） |
| | 繞行：金星 9 號（Venera 9，1975） |
| 火星 | 飛掠：水手 4 號（Mariner 4，1965） |
| | 繞行：水手 9 號（Mariner 9，1971） |
| | 登陸：海盜 1 號（Viking 1，1976） |
| | 探測車：火星拓荒者號（Mars Pathfinder，1997） |
| 穀神星（最大的小行星） | |
| | 繞行：曙光號（Dawn，2015） |
| 木星 | 飛掠：先鋒 10 號（Pioneer 10，1973） |
| | 繞行：伽利略號（Galileo，1995） |
| 土星 | 飛掠：先鋒 11 號（Pioneer 11，1979） |
| | 繞行：卡西尼號（Cassini，2004） |
| 天王星 | 飛掠：航海家 2 號（Voyager 2，1986） |
| 海王星 | 飛掠：航海家 2 號（Voyager 2，1989） |
| 冥王星 | 飛掠：新視野號（New Horizons，2015） |
| 哈雷彗星 | 短距接近：喬托號（Giotto，1986） |

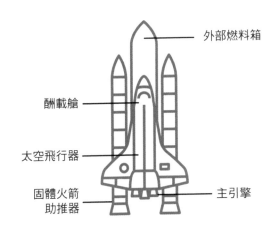

外部燃料箱

酬載艙

太空飛行器

固體火箭助推器

主引擎

# 程式設計

隨著程式語言的發展，電腦功能也越來越多元。

## 摩斯電碼

所謂編碼，其實就是以點與劃來取代字元；摩斯電碼就是典型編碼。

| | | | | | |
|---|---|---|---|---|---|
| A | .- | J | .--- | S | ... |
| B | -... | K | -.- | T | - |
| C | -.-. | L | .-.. | U | ..- |
| D | -.. | M | -- | V | ...- |
| E | . | N | -. | W | .-- |
| F | ..-. | O | --- | X | -..- |
| G | --. | P | .--. | Y | -.-- |
| H | .... | Q | --.- | Z | --.. |
| I | .. | R | .-. | | |

## 複雜度不一

英文字母表中有音標、文法與 26 個字母，而摩斯電碼僅含點與劃，但二者可傳遞相同資訊。

## 機器語言

電腦硬體僅能處理二進制指令。

## 早期做法

早期的科學家必須先從無到有地以人類語言寫下指令，然後再轉譯成二進制機器語言。

## 組件指令

組件指令是指令與實際機器作業間的橋梁。就程式語言的發展歷史而言，連結函式、從記憶體擷取資料等作業，以及其他相關指令與迴圈都是因為組件指令才成為可能。

## 編譯器

編譯器可將原始碼轉換成低階語言，如組件指令。

## 福傳程式語言（1954）

福傳程式語言（Formula Translation，FORTRAN）是一種編譯手法，可用於公式轉譯，簡化程式設計，但如要升級，則必須將整個系統全部重寫。

## 商用語言（1959）

商用語言（Common Business Oriented Language，COBOL）讓電腦能接受通用原始碼，使更新作業變得較為簡單。程式碼僅須編寫一次，即可適用於各種情境！

## 電腦語言簡史

1960 年代：ALGO／LISP／BASIC
1970 年代：PASCAL／C／SMALL TALK
1980 年代：C++／Objective-C／Pearl
1990 年代：Python／Ruby／JAVA
2000 年代：SWIFT／C#／GO／Ubuntu

## 陳述式

控管編碼內陳述結構的語法。

## 指派陳述式

程式運作時，需要一系列的指派陳述式。指派作業必須經過初始化，才能設定初始值，將值指派給變數，如 b = 7。

## 控制流程陳述式

條件陳述式，其中以 IF 和 WHILE 陳述式最為常見。

## 函式

又稱為方法或子路由；函式可用做命名控制陳述式，結尾一律為「RETURN」。

## 核心

電腦作業系統的中樞，控制系統的所有作業。

## ASCII

美國資訊交換標準代碼（American Standard Code for Information Interchange，ASCII）。ASCII 以七位元的二進制數字來代表字母、數字及其他字元。

# 巴克敏斯特·富勒

建築師、工程師暨設計師理查·巴克敏斯特·富勒（Richard Buckminster Fuller，1895-1983）一生出版了 30 多本書，普及了「地球太空船」（Spaceship Earth）、「戴美克森」（Dymaxion）、「協同效應」（synergetic）和「張拉整體」（tensegrity）等概念。

---

富勒希望能透過少即是多的設計，**解決住宅供給等社會問題**；對於**地球資源的稀少性**與**全球氣候變遷**的問題，他十分擔心。

## 地球太空船

此概念說明地球的**資源有限**，我們在思考資源的應用方式時，應將社會、經濟與設計系統都納入考量。

## 戴美克森住家

戴美克森住家**造價不貴**，且**容易大規模量產**，不過從未真正流行於商業市場。這種住家的核心特點在於容易運輸，可以隨處組裝。

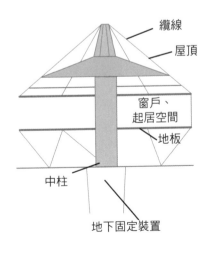

- 纜線
- 屋頂
- 窗戶、起居空間
- 地板
- 中柱
- 地下固定裝置

## 戴美克森氏地圖（dymaxion map）

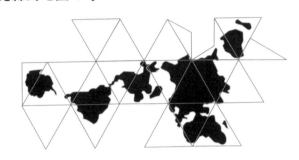

### 戴美克森派駐人員住宅

二戰期間偏遠地區雷達（Radio Detection and Ranging，無線電偵測與定距）站勤人員的住所。

### 戴美克森氏地圖

指富勒以三角形製成的全球地圖。各三角形可構成正多邊形，完整地涵蓋各大洲及所有島嶼，沒有任何切割或遺漏。

### 網格穹頂

十分容易組裝的結構，可包覆相當大的空間，且內部沒有侵入性支撐物，這是因為網格穹頂內的壓力與質量分布方式使架構非常牢固。這種空間在世界各地經常用做**緊急避難所**，也供**研究**與**休閒**之用。

## 從大自然汲取靈感

富勒會觀察自然中的幾何，從中擷取靈感。

## 以系統方法解決問題

透過系統方法來定義問題，有助釐清各問題間的相互關聯。其實有時系統本身就是解決途徑。

## 以社會為本的設計

與富勒同時代的許多科學家同樣希望能**透過設計來幫助社會**，他們認為好的設計不能只由富裕的**族群**獨享，如**維克多·巴巴納克**（Victor Papanek）就是其中一例。

# 磁共振成像

人體是由許多不同物質組成,包括蛋白質、脂肪、生物性礦物質、神經傳導物質和水等等。這些物質包含氫原子,而氫原子核(也就是質子)會透過分子間與分子內的鍵結來進行反應。

質子是磁共振成像(MRI)的關鍵。這種粒子會自旋,並在人體內根據周遭環繞的物質以不同方向旋轉;MRI就是透過與旋轉粒子進行交互作用來運作。

## MRI 基本運作要點

- MRI 掃描儀中的強力磁鐵會統一所有質子的自旋方向。
- 接著,射頻脈衝(能量小於陽光)會提供能量,使得磁場中的質子稍微離開原先已安排好的位置,至於移動程度則依物質而定(如蛋白質、脂肪、骨頭等等)。
- 質子會因磁鐵的作用重新聚焦,並釋放出先前吸收的能量。
- 掃描儀中的射頻線圈會偵測上述的質子活動。
- 質子釋放出的能量頻率不一。能量訊號中的差異會由電腦進行處理以產生影像。

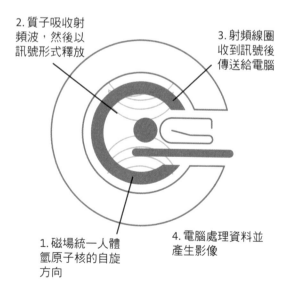

2. 質子吸收射頻波,然後以訊號形式釋放

3. 射頻線圈收到訊號後傳送給電腦

1. 磁場統一人體氫原子核的自旋方向

4. 電腦處理資料並產生影像

## 傅立葉變換

用於分析波形的數學方法。訊號(如小提琴聲)是由許多不同頻率組成,而傅立葉變換會將組合成聲音的所有不同頻率都納入考量。質子在 MRI 掃描儀中所釋放的頻率,正是透過傅立葉變換(Fourier transforms)來計算並重新組合。

## 基本傅立葉級數

下方的基本傅立葉級數(Fourier series)表說明如何將週期性函數呈現為獨立(離散)指數函數的總和。

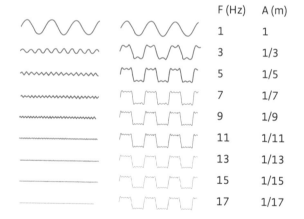

| | | F (Hz) | A (m) |
|---|---|---|---|
| | | 1 | 1 |
| | | 3 | 1/3 |
| | | 5 | 1/5 |
| | | 7 | 1/7 |
| | | 9 | 1/9 |
| | | 11 | 1/11 |
| | | 13 | 1/13 |
| | | 15 | 1/15 |
| | | 17 | 1/17 |

## 診斷、治療與監控

在臨床醫療照護與實驗性研究中,MRI 掃描儀皆可用於診斷、治療與監控。

# 網際網路

網際網路是連結電腦與各式裝置的網絡。在 1989 年，提姆·柏內茲 - 李（Tim Berners-Lee）發明了超連結，讓 CERN 的科學家共用資訊，而全球資訊網也隨之誕生，永遠改變了人類世界。

## HTML

網頁以一種名為**超文本標記語言**（Hypertext Markup Language，HTML）的**程式語言**編寫而成。HTML 可用於嵌入下列類型的資料：

- 頁面上的**資訊**
- 頁面的**設計**與**排版**（格式）
- 連至其他頁面／網站的**連結**

所有 HTML 文本都必須儲存為「.html」檔案。

舉例：

```
<html>
  <body>
    <h1>Hello world</h1>
    <p>This is a Web page</p>
  </body>
</html>
```

上例中的標記是用於描述格式：

**<html>**：表示文本為 HTML 文件

**<body>**：頁面的資訊主體

**<h1>**：標題

**<p>**：代表段落開始

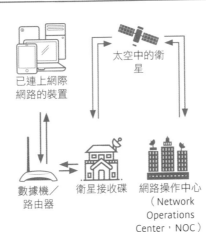

已連上網際網路的裝置

太空中的衛星

數據機／路由器

衛星接收碟

網路操作中心（Network Operations Center，NOC）

## 物聯網

由家中或其他各處的**智慧型裝置**連結至網路後組成；惡意軟體會對物聯網造成威脅。

## 相關專有名詞

- **資料封包**：電腦間進行傳輸時，資料來源與目的地的相關資訊會切割為較小單位，稱為「封包」。
- **IP 位址**：不重複的網路協定（Internet Protocol，IP）號碼，代表電腦的位址。
- **交換器**或**中樞**：可連結不同裝置。
- **路由器**：將資訊導向網際網路各處。
- **DNS**：網域名稱系統（Domain Name System，簡稱 DNS）可將網站轉換為 IP 位址，是電腦用於交換資料的協定。

## 網際網路的起源

網路是由美國國防高等研究計畫署（US Advanced Research Projects Agency，ARPA）在 1960 年代贊助開發，一開始僅用連結電腦裝置。電腦間的訊息互傳在 1969 年首度成功，至於檔案寄送功能則新增於 1971 年（全球首批順利傳送的簡單電子郵件也是出現在那年）。不過現代普及的「全球資訊網」要直到 HTML 語言發明於 1989 年後才誕生。在現今這個時代，通訊速度加快、電腦體積縮小以及無線網路的發展，都使網際網路成為人類生活不可或缺的要素，至於這樣的轉變是好是壞，則可說是兩者參半。

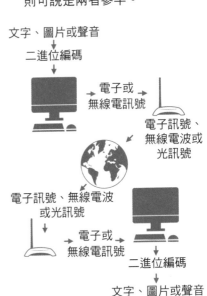

文字、圖片或聲音

二進位編碼

電子或無線電訊號

電子訊號、無線電波或光訊號

電子訊號、無線電波或光訊號

電子或無線電訊號

二進位編碼

文字、圖片或聲音

# 基因工程

所謂基因工程，是對 DNA 進行修改，藉此改變生物體的性質。基因工程具爭議性，但如果以符合道德標準的方式應用，則可製造食物、治療疾病，以及發明新的材質。

## DNA

基因工程師會對基因體進行**互換與編輯**。

基因會決定生物體的性徵，譬如獅子、老虎與豹的斑點就是因為基因差異而不同。

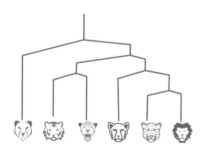

## 作物種植與基改生物

生物繁殖時，會將部分或全部基因傳給下一代。數千年來，人類一直以選擇性的方式栽種作物，以增加收成並防範疾病與乾旱。這樣的**選擇性育種**其實就等於基因篩選。

## 基因轉殖生物

基因體受過編輯的生物，如黃金米就是一例：科學家在米中加入維他命 A，希望藉此預防缺乏維他命所造成的疾病。

## 矽藻

即細胞壁是由矽組成的藻類，其基因經過編輯後可製造感測器，或用做藥物傳釋媒介。

## 細胞色素 P450

有些細菌和植物會製造抗癌酵素（如細胞色素 P450），且經過基因改造後，產生的酵素量還能進一步提升。舉例來說，用於治療第一型糖尿病的胰島素就是透過基因編輯所製造。

## 細菌質體的 DNA 編輯

細菌質體 DNA 常用於複製細菌，此作用是在基因體上的特定位置進行。

## 特製高級嬰兒

移除或編輯胚胎內基因的做法，常遭受道德上的議論。針對已知疾病移除未出生胎兒體內的致病基因或許有益，但透過基因編輯來消除非典型人體與心智特徵、對性徵（如髮色）的**選擇**，以及移除殘缺基因的做法，都會抹滅多樣性，在本質上與歷史上的歧視並無不同，因此值得我們警醒。

## 常間回文重複序列叢集與細菌

常間回文重複序列叢集（Clustered Regularly Interspaced Short Palindromic Repeats，簡稱 CRISPR）是以細菌自禦機制為基礎的基因編輯技術。細菌會製造 CAS9 這種蛋白質，來切除病毒的 DNA 和 RNA 片段，藉此「記憶」病毒感染機制。目前，科學家正在研發透過 CRISPR 來治療癌症與鐮刀形貧血症的方式。

# 3D 列印

3D 列印涉及「增量製造」，目的是讓物質在經過液化或固化後，
以層疊方式堆積成實心或中空的 3D 結構。

## 資料實體化

3D 資料可製成實體，是資料視覺化以及將數位世界化為真實存在的創意途徑，至於可用的材料則包括陶土、水泥、樹脂、粉糖與各種的塑膠。目前，3D 軟體能製作的模型已越來越複雜，而設計師、藝術家和科學家也開始試驗更多樣化的材質。

**客製化**的需求與可動關節模型印製技術的發展，都使 3D 列印成了**提升輔具功能的有效良方**。

## 限制

3D 列印的理想是**讓人人都能製造物品**，但卻很少有人真的能夠使用，其他許多創新技術同樣也面臨這樣的困境；此外，透過身體觸覺與感官來學習如何使用木材、纖維與陶土等材質的傳統方法，3D 列印仍無法取代。

## 藥物研發

化學家已發展出利用 3D 列印術來列印**客製化藥物**的方法。

## 生物列印

生物列印指的是印製與生物體相容的組織，其中，從幹細胞印製而成的牛排是相當有名的例子。目前，3D 列印法已可利用幹細胞製造出軟骨與骨骼，工程師也希望進一步發展出**鼻子與耳朵**的印製法，幫助燒傷病患與其他有需要的族群。

## 器官

身體與**免疫系統**可能會排斥移植器官，但 3D 列印有潛力解決這個問題，方法是將多能胚胎幹細胞用於成人幹細胞，不過此程序可能因胚胎幹細胞纖細敏感而出現問題。

## 透過 3D 列印進行增量製造的方式

笛卡兒式（Cartesian）：以笛卡兒坐標系（直角坐標系）的 x、y 和 z 軸為基礎。
三角式（Delta）：由噴嘴和列印頭印出物體的每一層。

### 笛卡兒式 3D 印表機

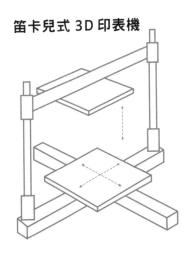

### 三角式 3D 印表機

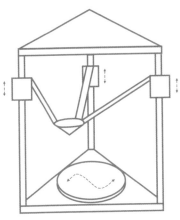

# 觸控螢幕

在量子力學中，粒子可以在不碰到物質的情況下通過阻礙。
此現象稱為「量子穿隧」，是現代觸控螢幕（touch-screen）技術的基礎。

如果把球往牆上踢，球勢必會彈回來，但在量子力學的世界中，粒子非但不會像球一樣反彈，還會出現在隨機位置（如牆的另一側），而且出現在哪裡並沒有原因可循。這樣的現象稱為穿隧，科學家在自然界與全球的許多實驗室都曾觀察到。

## 陽光

太陽之所以會發光，是因為質子透過穿隧方式通過能量障壁。電荷相斥的概念大家想必不陌生，但質子在尺寸上屬量子力學等級，且可以穿隧，因此能觸及太陽表面，並以宇宙射線的形式釋放。

## 穿隧磁阻

電腦硬碟與 USD 磁碟的運作，是以穿隧磁阻（tunneling magnetoresistance）技術為基礎。電子裝置內的資料會透過電荷儲存於記憶體中，並於電子穿隧發生時清除。

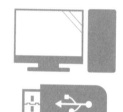

**魔術般的量子穿隧**

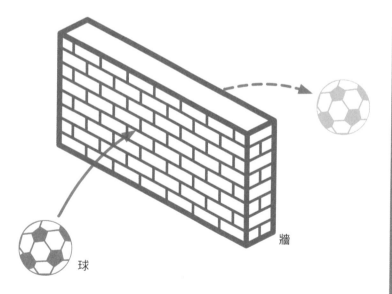

牆

球

## 觸控螢幕

智慧型裝置的觸控螢幕是內裡嵌有奈米粒子的聚合體膜，只要螢幕壓力改變（譬如用手下壓），奈米粒子通過聚合體障壁的穿隧速率，以及彼此間的移動快慢都會大幅提升，而這樣的現象也會對電子穿隧流動的速率造成激烈改變。

# 演算法與人工智慧

人工智慧系統（Artificial Intelligence System，簡稱 AI）是由多種極為詳細的演算法所構成，可應用於藝術、工業、診斷、資料分析與商業。AI 目前還無法趕上人類智能，卻可能會放大人類偏見。

## 機器學習

用於機器學習的資料必須能將資訊反饋回演算法中，讓演算法的效能可以隨時間微調、改善。實際結果已經證明，機器學習有助透過生醫影像進行診斷與病理分類。所謂「學習」，是讓系統接觸資料集（例如新的掃描影像），藉此達到自動調整作業方式的目的。

## 類神經網路

類神經網路（neural net）是透過證據（資料）比對來制定決策的數學模型。

## 機器偏見

行銷廣告常將 AI 塑造成有助節省時間與金錢的智能化實體，不過如果在資料集受限的情況下訓練演算法，則可能導致人類偏見隨時間加深，進而造成歧視性的有害決策與行為，舉凡保費計算、交友軟體、搜尋引擎以及警察的人口資料庫等各領域都可能受到影響。

## 魔術方塊演算法

遵從一系列的指令，即可解開魔術方塊

---

演算法：由人類寫成的系列指令，有時可能以迴圈方式執行。

排序演算法：將資料陣列串成迴圈（透過掃描與交換作業將資訊整理成需要的順序），藉此達到整理與搜尋目的。

合併排序：對陣列進行分割、排序與合併。

圖表搜尋：找出兩點間最短的路徑。

複雜度：演算法的複雜度是依涉及的步驟數量而定。

空字元：一串數值的結尾，以「(zero)」來表示。

矩陣：由陣列所組成，帶有許多不同維度。

相關變數：可整理為結構等各種單位。

節點：網路中的資料點。

佇列：先排入，先輸出。

堆疊：最後排入，最先輸出。

樹狀結構：最上層的節點稱為根節點，下方依序為父節點與子節點，末端則是分葉節點。

應用科技

## 資料結構

· 資料必須經過整理、分類，才能夠提供存取。
· 資料陣列可以透過變數的形式儲存。
· 索引可用於整理陣列。
· 索引以方括號呈現，如 [0, 1, 2, 3]。
· 索引的第一個數字必定為 0。

# 對本書有所啟發的科學家

- Ali Abdelghany（1944-）海洋生物學家
- Alice Ball（1892-1916）化學家，發明麻瘋病療法
- Allan Cox（1926-1987）地球物理學家
- Ana María Flores（1952-）工程師
- Annie Easley（1933-2011）火箭科學家
- Antonia Novello（1944-）內科醫生／美國醫療總長
- Bessie Coleman（1892-1921）飛行員
- Betty Harris（1940-）化學家
- Bruce Voeller（1934-1994）生物學家／愛滋研究專家
- Burçin Mutlu-Pakdil，天文物理學家
- Carl Sagan（1934-1996）天文物理學家
- Caroline Herschel（1750-1848）發現彗星
- Carolyn Porco（1953-）行星科學家
- Catherine Feuillet（1965-）分子生物學家
- Claudia Alexander（1959-2015）行星科學家
- Clyde Wahrhaftig（1919-1994）地質學家／環境保護人士
- Edith Farkas（1921-1993）對臭氧層的測量有所貢獻
- Eileen McCracken（1920-1988）植物學家
- Eleanor Josephine Macdonald（1906-2007）癌症專家／流行病學家
- Elsa G. Vilmundardóttir（1932-2008）地質學家
- Eva Jablonka（1952-）生物學家／哲學家
- Flemmie Pansy Kittrell（1904-1980）營養學家
- Fumiko Yonezawa（1938-）理論物理學家
- Gloria Lim（1930-）真菌學家
- Grace Oladunni Taylor（1937-）化學家
- Har Gobind Khorana（1922-2011）生化學家
- Haruko Obokata（1983-）幹細胞科學家
- Heather Couper（1949-）太空人／教育家
- Helen Rodríguez Trías（1929-2001）小兒科醫生
- Idelisa Bonnelly（1931-）海洋生物學家
- Jane Wright（1919-2013）腫瘤學家
- Jeanne Spurlock（1921-1999）精神病學家
- Jeanne Villepreux-Power（1794-1871）海洋生物學家
- Jeannette Wing（1956-）電腦科學家
- Jewel Plummer Cobb（1924-2017）生物學家
- John Dalton（1766-1844）對相對原子量的研究有所貢獻
- Kalpana Chawla（1961-2003）太空人
- Katherine Bouman（1989-）電腦科學家
- Kono Yasui（1880-1971）細胞學家
- Krista Kostial-Šimonović（1923-2018）生理學家
- Lene Hau（1959-）成功使光子暫時停止運動，讓光速變慢
- Linda B. Buck（1947-）對嗅覺受器的研究有所貢獻
- Lydia Villa-Komaroff（1947-）細胞生物學家
- Mamie Phipps Clark（1917-1983）社會心理學家
  Maria Abbracchio（1956-）藥理學家，研究嘌呤受體
- Maria Tereza Jorge Pádua（1943-）生態學家
- Marianne Simmel（1923-2010）心理學家，研究幻肢

- Marianne V. Moore（於 1975 取得學位）水生生態學家
- Marie M. Daly（1921-2003）化學家
- Martha E. Bernal（1931-2001）心理學家
- Maryam Mirzakhani（1977-2017）數學家，曾獲費爾茲獎（Fields Medal）
- Meghnad Saha（1893-1956）對恆星化學與物理狀態的研究有所貢獻
- Melissa Franklin（1957）粒子物理學家
- Michiyo Tsujimura（1888-1969）農業生化學家
- Mileva Marić（1875-1948）物理學家
- Mina Bissell（1940-）腫瘤學家
- Neil Divine（1939-1994）天文物理學家
- Niels Bohr（1885-1962）對 α 粒子與原子結構的貢獻有所研究
- Nora Volkow（1956-）精神病學家
- Patricia Suzanne Cowings（1948-）心理學家
- Priyamvada Natarajan（於 1993 取得學位）天文物理學家
- Ragnhild Sundby（1922-2006）動物學家
- Rohini Godbole（1952-）物理學家
- Rosalyn Sussman Yalow（1921-2011）醫學物理學家
- Rosemary Askin（1949-）對南極研究有所貢獻
- Ruth Winifred Howard（1900-1997）心理學家
- S. Josephine Baker（1873-1945）建立紐約市的第一個兒童衛生部門
- Sally Ride（1951-2012）太空人／物理學家
- Sarah Stewart（1905-1976）微生物學家
- Satyendra Nath Bose（1894-1974）研究量子理論
- Sau Lan Wu（於 1963 取得學位）粒子物理學家
- Seetha Coleman-Kammula（1950-）化學家／塑膠製品設計師
- Shirley Jackson（1916-1965）核子物理學家
- Sonia Alconini（1965-）建築師，對的喀喀湖（Lake Titicaca）盆地的研究有所貢獻
- Sonja Kovalevsky（1850-1891）數學家
- Sophia Getzowa（1872-1946）病理學家
- Stephanie Kwolek（1923-2014）化學家／發明克維拉纖維（Kevlar）
- Stephen Jay Gould（1941-2002）古生物學家
- Tanya Atwater（1942-）地球物理學家／海洋地質學家
- Toshiko Yuasa（1909-1980）核子物理學家
- Una Ryan（1941-）對心臟疾病與生科疫苗研究有所貢獻
- Valerie Thomas（1943-）發明幻象發送器（Illusion Transmitter）
- Vandika Ervandovna Avetisyan（1928-）植物學家／真菌學家
- Velma Scantlebury（1955-）外科醫生，擅長移植手術
- Vera Danchakoff（1879-1950）細胞生物學家／胚胎學家
- Xide Xie（Hsi-teh Hsieh）（1921-2000）物理學家
- Zhenan Bao（1970-）化學工程師／材料學家

# 相關資料表

## 字首

字首能簡化極大或極小數字的記錄，舉例來說，1mm 就比 0.001cm 來得容易書寫；此外，字首也能讓計算變得較為簡單。

| 字首 | 符號 | 意義 | 小數位數 |
|---|---|---|---|
| yotta- | Y | $10^{24}$ | 1,000,000,000,000,000,000,000,000 |
| zetta- | Z | $10^{21}$ | 1,000,000,000,000,000,000,000 |
| exa- | E | $10^{18}$ | 1,000,000,000,000,000,000 |
| peta- | P | $10^{15}$ | 1,000,000,000,000,000 |
| tera- | T | $10^{12}$ | 1,000,000,000,000 |
| giga- | G | $10^{9}$ | 1,000,000,000 |
| mega- | M | $10^{6}$ | 1,000,000 |
| kilo- | k | $10^{3}$ | 1,000 |
| deci- | d | $10^{-1}$ | 0.1 |
| centi- | c | $10^{-2}$ | 0.01 |
| milli- | m | $10^{-3}$ | 0.001 |
| micro- | μ | $10^{-6}$ | 0.000,001 |
| nano- | n | $10^{-9}$ | 0.000,000,001 |
| pico- | p | $10^{-12}$ | 0,000,000,000,001 |
| femto- | f | $10^{-15}$ | 0.000,000,000,000,001 |
| zepto- | z | $10^{-21}$ | 0.000,000,000,000,000,000,001 |

## SI 系統中的基本單位

只要不是由其他單位組合而成，就算是基本單位。

| 單位名稱 | 單位符號 | 量的名稱 | 量的符號 | 尺度符號 |
|---|---|---|---|---|
| 公尺 | m | 長度 | l, x, r | L |
| 公斤 | kg | 質量 | m | M |
| 秒 | s | 時間 | t | T |
| 安培 | A | 電流 | I | I |
| 克氏 | K | 熱力溫度 | T | $\Theta$ |
| 燭光 | cd | 發光強度 | $I_v$ | J |
| 莫耳 | mol | 物質的量 | n | N |

## 衍生單位與單位量

衍生單位是由基本單位組合而成，在 SI 系統中，力的單位是 $kg \cdot m/s^2$，又稱為「牛頓」。牛頓這類的衍生單位取決於其他單位。

| 量 | 單位／衍生單位 | SI 系統中的表示法 |
|---|---|---|
| 面積 | 平方公尺 | m² |
| 體積 | 立方公尺 | m³ |
| 速率或速度 | 每秒公尺 | m/s（等同於 ms⁻¹） |
| 加速度 | 每平方秒公尺 | m/s² 或 ms⁻² |
| 波數 | 倒數公尺 | 1/m 或 m⁻¹ |
| 質量密度 | 每立方公尺公斤 | kg/m³ or kgm⁻³ |
| 每公尺牛頓 | 每公尺牛頓（N/m）或每平方公尺焦耳（J/m²） | kg · s⁻² |
| 比容 | 每公斤立方公尺 | m³/kg 或 m³ kg⁻¹ |
| 電流密度 | 每平方公尺安培 | A/m² 或 Am⁻² |
| 磁場強度 | 每公尺安培 | A/m 或 Am⁻¹ |
| 物質量濃度 | 每立方公尺莫耳 | mol/m³ 或 mol m⁻³ |
| 亮度 | 每平方公尺燭光 | cd/m² 或 cd m⁻² |
| 消耗能量 | 焦耳秒 | m² · kg · s⁻¹ |
| 比能 | 每公斤焦耳 | m² · s⁻² |
| 壓力 | 每立方公尺焦耳 | m⁻¹ · kg · s⁻² |

## 二次方程式

二次方程式的標準形式：$ax^2 + bx + c = 0$
二次公式：$x = \left(-b \pm \sqrt{(b^2 - 4ac)}\right) / 2a$

## 幾何方程式

弧長 $= r\theta$
圓周 $= 2\pi r$
圓面積 $= \pi r^2$
圓柱曲面表面積 $= 2\pi rh$
球體體積 $= 4\pi r^3/3$
球體表面積 $= 4\pi r^2$
畢氏定理：$a^2 = b^2 + c^2$

## 圓周運動

角速率：$\omega = v/r$
向心加速度：$a = v^2/r = \omega^2 r$
離心力：$F = mv^2/r = m\omega^2 r$

## 波動與簡諧運動

波速：$c = f\lambda$
週期（頻率）：$f = 1/T$
繞射光柵：$d\sin\theta = n\lambda$
加速度：$a = -\omega^2 x$
位移：$x = A\cos(\omega t)$
速率：$v = \pm\omega\sqrt{(A^2 - x^2)}$
最大速率：$v_{max} = \omega A$
最大加速度：$a_{max} = \omega^2 A$

## 天文數據

太陽質量（公斤）：$1.99 \times 10^{30}$
太陽半徑（公尺）：$6.96 \times 10^8$
地球質量（公斤）：$5.97 \times 10^{24}$
地球半徑（公尺）：$6.37 \times 10^6$
1 天文單位 = 地日間的距離 = $1.50 \times 10^{11}$ 公尺
光年 = 光一年可行進的距離
= 5,878,499,810,000 英哩（近 6 兆）
= 9,460,000,000,000 公里
= $9.46 \times 10^{15}$ 公尺

## 自然界常數

| 量 | 符號 | 值 | 單位 |
|---|---|---|---|
| 真空中的光速 | $c$ | $3.00 \times 10^8$ | m s$^{-1}$ |
| 普朗克常數 | $h$ | $6.63 \times 10^{-34}$ | J s |
| 約化普朗克常數（狄拉克常數） | $\hbar$ (h-bar) | $1.05457182 \times 10^{-34}$ | J s |
| 亞佛加厥常數 | $NA$ | $6.02 \times 10^{23}$ | mol$^{-1}$ |
| 自由空間磁導率 | $\mu_o$ | $4\pi \times 10^{-7}$ | H m$^{-1}$ |
| 自由空間電容率 | $\varepsilon_o$ | $8.85 \times 10^{-12}$ | F m$^{-1}$ |
| 電子電荷大小 | $e$ | $1.60 \times 10^{-19}$ | C |
| 重力常數 | $G$ | $6.67 \times 10^{-11}$ | N m² kg$^{-2}$ |
| 莫耳氣體常數 | $R$ | 8.31 | J K$^{-1}$ mol$^{-1}$ |
| 波茲曼常數 | $k$ | $1.38 \times 10^{-23}$ | J K$^{-1}$ |
| 史特凡常數 | $\sigma$ | $5.67 \times 10^{-8}$ | W m$^{-2}$ K$^{-4}$ |
| 維因常數 | $\alpha$ | $2.90 \times 10^{-3}$ | m K |
| 電子靜止質量（等於 $5.5 \times 10$-4 u） | $m_e$ | $9.11 \times 10^{-31}$ | kg |
| 電子電荷／質量比 | $e/m_e$ | $1.76 \times 10^{11}$ | C kg$^{-1}$ |
| 質子靜止質量（等於 1.000728 u） | $m_p$ | $1.673 \times 10^{-27}$ | kg |
| 質子電荷／質量比 | $e/m_p$ | $9.58 \times 10^7$ | C kg$^{-1}$ |
| 中子靜止質量（等於 1.00867 u） | $m_n$ | $1.675 \times 10^{-27}$ | kg |
| α 粒子靜止質量 | $m\alpha$ | $6.646 \times 10^{-27}$ | kg |
| 重力場強度 | $g$ | 9.81 | N kg$^{-1}$ |
| 重力加速度 | $g$ | 9.81 | m s$^{-2}$ |
| 原子質量單位（1u 等於 931.5 MeV） | u | $1.661 \times 10^{-27}$ | kg |

## 重力場

兩個質量間的力：$F = Gm^1 m^2 / r^2$
重力場強度：$g = F / m$
徑向場中的重力場強度：$g = GM / r^2$

## 電

兩個點電荷間的力：$F = (1/4\pi\varepsilon o) \times (Q1Q2 / r^2)$
作用於電荷上的力：$F = EQ$
均勻電場的強度：$E = V / d$

## 熱物理學

改變溫度所需的能量：$Q = mc\Delta\theta$
改變狀態所需的能量：$Q = ml$
氣體定律：$pV = nRT$
$pV = NkT$
動力論模型：$pV = 1/3\ Nm\ (crms)^2$

# 專有名詞表

- 自然發生說（abiogenesis，名詞）：生命源自無生命的化學系統
- 精確度（accuracy，名詞）：測量值與正確值的接近程度
- 活化能（activation energy，名詞）：引發化學反應或過程所需的能量，可縮寫為 EA
- 異常（anomaly，名詞）：偏離預期值
- 玄武岩（basalt，名詞）：由富含鐵與鎂的岩漿所形成的細質深色火成岩，是海底地殼與月球風化物的主要成分
- 光束（beam，名詞）：光源發出的光線或光束
- 雙星（binary star，名詞）：繞同一質量公轉的一對星體
- 藍移（blueshifted）：天體向地球移動
- 鍵長（bond length，名詞）：相對位置穩定的兩個鍵結原子之間的距離
- 波以耳定律（Boyle's law，名詞）：在溫度穩定的狀況下，定量氣體的體積與壓力成反比
- 緩衝劑（buffer，名詞）：補足氫離子（$H^+$）濃度，使 pH 值穩定的物質
- 校準（calibrate，動詞）：檢查並確保儀器精確度
- 碳定年法（carbon dating，名詞）：透過自然產生的同位素碳 14 來推算含碳物質的存在時間
- 笛卡兒平面（Cartesian plane，名詞）：使用 (x, y) 的長方形坐標系；x 與 y 分別代表水平與垂直軸
- 染色質（chromatin，名詞）：在細胞核中保護 DNA 的物質，僅存在於真核生物
- 內聚力（cohesion，名詞）：物質分子間的交互作用
- 驗證性偏誤（confirmation bias，名詞）：資訊／結果可解讀為驗應偏見的證據，且與前述偏見相違背的資訊／解讀方式都遭到忽略
- 常數（constant，名詞）：數值固定不變的量
- 庫倫（coulomb，名詞）：電荷的公制單位 = 6.24 × $10^{18}$ 個電子
- 細胞液（cytosol，名詞）：細胞質中的液體，由水與纖維性蛋白組成，是行光合作用的位置
- 德布格利波長（De Broglie wavelength，名詞）：$\lambda = h/\rho$，基本粒子的波長（$\lambda$）、受動量（$\rho$），與普朗克常數影響（h）
- 相依變數（dependent variable，名詞）：實驗或觀察中的變數，也就是會改變的參數
- 氘（deuterium，名詞）：原子核內有中子的穩定氫同位素
- 電子數值積分計算機（Electronic Numerical Integrator and Computer，名詞，簡稱 ENIAC）：世上第一台通用型計算機
- 證據（evidence，名詞）：可證明看法或假說的資料
- 放熱（exothermic，形容詞）：會釋放熱能的反應
- 螢光（fluorescence，名詞）：物質吸收光或能量後發光；可見於原子發射以及線光譜
- 化石（fossil，名詞）：保存至今的生物印痕或殘骸，組織已被礦物質所取代
- 基因漂變（genetic drift，名詞）：基因出現頻率的隨機改變
- 基態（ground state，名詞）：能量最低的狀態；電子會先填滿最低能階
- 哈溫平衡（Hardy-Weinberg equilibrium，名詞）：在缺乏演化驅力的情況下，等位基因與基因型在每一代生物身上出現的頻率會趨於穩定
- 冰芯（ice core，名詞）：層狀的雪長時間堆積並經過壓縮後，所形成的圓形冰柱
- 理想氣體（ideal gas，名詞）：理論上的假想氣體，不占體積，分子間也沒有吸力或斥力；理想氣體方程式會用到氣體常數 r
- 自變數（independent variable，名詞）：在實驗中以受控方式變化的參數
- 政府間氣候變遷委員會（Intergovernmental Panel on Climate Change，名詞，簡稱 IPCC）：由世界各國科學家於 1988 年組成的團體，目的在於衡量人為氣候變遷所帶來的風險
- 動力分子理論（kinetic molecular theory，名詞）：對於分子與動能的理論性描述；運動能量 = 溫度
- 洛斯阿拉莫斯國家實驗室（Los Alamos National Laboratory，名詞，簡稱 LANL）
- 地衣（lichen，名詞）：與可行光合作用的藻類或細菌共生的真菌
- 限制因素（limiting factor，名詞）：生物存活所需，但無法從環境中取得足夠分量的必要資源
- 線光譜（line spectra，名詞）：亮線清晰明確的發射光譜；每條亮線皆與電子從激活態落回基態時發出的光波波長對應
- 月蝕（lunar eclipse，名詞）：地球位於月球與太陽中間，且三個天體成一直線
- 質化（qualitative，形容詞）：對於觀察或資料的口語化描述，也就是非數值性描述／並未以數值標準測量

- 量化（quantitative，形容詞）：以數值形式呈現測量與觀察結果
- 弧度（radian，名詞）：SI 系統中的平面角度單位，完整圓形的弧度為 $2\varpi$
- 輻射帶（radiation belt，名詞）：磁層中存在帶電粒子的區域
- 基（radical，名詞）：具有未配對電子的原子種或分子種
- 基蝕（sapping，名詞）：水透過岩石孔洞向上侵蝕
- 石珊瑚（scleractinian coral，名詞）：形成珊瑚礁的硬珊瑚
- 靜海（Sea of Tranquility）：阿波羅 11 號於 1969 年 7 月 20 日登陸月球的地點
- 次級空氣汙染物（secondary air pollutant，名詞）：第一級汙染物產生反應後所形成的汙染物質，例如酸雨就是由二氧化硫或氮氧化物和與水反應所形成
- 瀝青砂（tar sand，名詞）：砂質沉積物，內含瀝青，硫的成分高
- 泛蛋白（ubiquitin，名詞）：細胞質中的蛋白質
- 極亮星系（ultraluminous galaxy，名詞）：因紅外波長而特別明亮的星系
- 本影（umbra，名詞）：太陽黑子中央的暗黑區塊
- 湧升流（upwelling，名詞）：密度高、溫度低且富含營養的海水因為風吹動而湧升至海面
- 真空（vacuum，名詞）：完全不含任何物質的空間
- 向量（vector，名詞）：具有大小、長度與方向
- 蚯蚓糞分解（vermicomposting，名詞）：蚯蚓促進廢料轉換，產生堆肥
- 生存力（viability，名詞）：生物體活到成年期並完成整個生命週期的機率
- X 波段（x-band，名詞）：介於 5,200 和 10,900 MHz 之間的無線電頻率
- 黃熱病（yellow fever，名詞）：透過埃及斑蚊傳播的急性病毒疾病
- 黃道 12 宮（zodiac，名詞）：將黃道大致等分的 12 個星座
- 浮游生物（zooplankton）：生存於水中的微生物
- 共生藻（zooxanthellae）：與形成珊瑚礁的珊瑚共生之單細胞黃棕色藻類（渦鞭藻）
- 受精卵（zygote）：內含兩套染色體的合子

# 延伸閱讀

*Built: The Hidden Stories Behind Our Structures*（Roma Agrawal）

*The Evolution of Technology*（George Basalla）

*Decolonising the University*（Gurminder K. Bhambra、Dalia Gebrial 等人）

*Silent Spring*（Rachel Carson）

*Elemental: 1: An Arts and Ecology Reader*（T. J. Demos、Basia Irland 等人）

*Six Not So Easy Pieces*（Richard Feynman）

*The Disappearing Spoon: And Other True Tales of Madness, Love, and the History of the World from the Periodic Table of the Elements*（Sam Kean）

*Liquid: The Delightful and Dangerous Substances That Flow Through Our Lives*（Mark Miodownik）

*Algorithms of Oppression*（Safiya Noble）

*Weapons of Math Destruction*（Cathy O'Neil）

*Road to Reality*（Roger Penrose）

*The Gendered Brain: The New Neuroscience That Shatters the Myth of the Female Brain*（Gina Rippon）

*Inferior*（Angela Saini）

*Superior*（Angela Saini）

*The Mushroom at the End of the World*（Anna Tsing）

*Arts of Living on a Damaged Planet: Ghosts and Monsters of the Anthropocene*（Anna Tsing、Heather Anne Swanson、Elaine Gan 著，Nils Bubandt 編輯）

# 簡明大科學：

## 圖解 160 個最關鍵理論、科學家、重要發現、發明與科技應用

### Instant Science: Key Thinkers, Theories, Discoveries, and Inventions Explained on a Single Page

| | |
|---|---|
| 作　　者 | 珍妮佛·克勞奇 |
| 譯　　者 | 戴榕儀 |
| 審　　訂 | 莊政霖 |
| 責任編輯 | 陳姿穎 |
| 內頁設計 | 江麗姿 |
| 封面設計 | 走路花工作室 |

| | |
|---|---|
| 行銷專員 | 辛政遠、楊惠潔 |
| 總 編 輯 | 姚蜀芸 |
| 副 社 長 | 黃錫鉉 |

| | |
|---|---|
| 總 經 理 | 吳濱伶 |
| 發 行 人 | 何飛鵬 |
| 出　　版 | 創意市集 |

發　　行　英屬蓋曼群島商家庭傳媒股份有限公司
城邦分公司

香港發行所　城邦（香港）出版集團有限公司
香港灣仔駱克道 193 號東超商業中心 1 樓
電話：（852）25086231
傳真：（852）25789337
E-mail：hkcite@biznetvigator.com

馬新發行所　城邦（馬新）出版集團
Cite（M）Sdn Bhd
41, Jalan Radin Anum, Bandar Baru Sri
Petaling,57000 Kuala Lumpur, Malaysia.
電話：（603）90578822
傳真：（603）90576622
E-mail：cite@cite.com.my

| | |
|---|---|
| 展售門市 | 台北市民生東路二段 141 號 7 樓 |
| 製版印刷 | 凱林彩印股份有限公司 |
| 初版一刷 | 2020 年 11 月，一版二刷 |
| I S B N | 978-986-5534-01-1 |

定　　價　　550 元
若書籍外觀有破損、缺頁、裝訂錯誤等不完整現象，
想要換書、退書，或您有大量購書的需求服務，都
請與客服中心聯繫。

客戶服務中心
地址：10483 台北市中山區民生東路二段 141 號 2F
服務電話：（02）2500-7718、（02）2500-7719
服務時間：周一至周五 9：30 ～ 18：00
24 小時傳真專線：（02）2500-1990 ～ 3
E-mail：service@readingclub.com.tw

Instant Science by Jennifer Crouch © CARLTON BOOKS
LIMITED
All rights reserved. Complex Chinese rights arranged
through CA-LINK International LLC

國家圖書館出版品預行編目（CIP）資料

簡明大科學：圖解 160 個最關鍵理論、科學家、重
要發現、發明與科技應用 珍妮佛 . 克勞奇著；戴榕
儀譯 . -- 初版 . -- 臺北市：創意市集出版：家庭傳媒城
邦分公司發行 , 2020.08
面；　公分

譯自：Instant science.
ISBN 978-986-5534-01-1( 平裝 )

1. 科學 2. 通俗作品

300　　　　　　　　　　　　　　109007168